全国二级造价工程师职业资格考试培训教材

建设工程造价管理基础知识

全国造价工程师培训教材编写委员会　组编

U0321424

机械工业出版社

本书依据住房和城乡建设部、交通运输部、水利部、人力资源和社会保障部联合印发的《造价工程师职业资格制度规定》和《造价工程师职业资格考试实施办法》（建人〔2018〕67 号）以及 2019 年版《全国二级造价工程师职业资格考试大纲》进行编写，其中相关规范和定额，以及法律、法规依据分别为《建设工程工程量清单计价规范》（GB 50500—2013）、《房屋建筑与装饰工程工程量计算规范》（GB 50854—2013）、《建筑安装工程费用项目组成》《中华人民共和国招标投标法》《中华人民共和国建筑法》《中华人民共和国合同法》等。

本书共分 7 章，内容主要为工程造价管理相关法律、法规与制度，工程项目管理，工程造价构成，工程计价方法及依据，工程决策和设计阶段造价管理，工程施工招投标阶段造价管理，工程施工和竣工阶段造价管理。

本书可供参加二级造价工程师职业资格考试的应考人员使用，同时可以作为高职高专院校、中专院校相关专业的教学用书，也可供造价从业人员参考使用。

图书在版编目（CIP）数据

建设工程造价管理基础知识/全国造价工程师培训教材编写委员会组编 . —北京：机械工业出版社，2019.7（2022.2 重印）

全国二级造价工程师职业资格考试培训教材

ISBN 978-7-111-63042-5

Ⅰ.①建… Ⅱ.①全… Ⅲ.①建筑造价管理 – 资格考试 – 自学参考资料
Ⅳ.①TU723.31

中国版本图书馆 CIP 数据核字（2019）第 121896 号

机械工业出版社（北京市百万庄大街 22 号 邮政编码 100037）
策划编辑：汤 攀 责任编辑：汤 攀 刘志刚
责任校对：刘时光 封面设计：张 静
责任印制：李 昂
北京中科印刷有限公司印刷
2022 年 2 月第 1 版第 2 次印刷
184mm×260mm · 11.25 印张 · 275 千字
标准书号：ISBN 978-7-111-63042-5
定价：39.00 元

电话服务 网络服务
客服电话：010-88361066 机 工 官 网：www.cmpbook.com
010-88379833 机 工 官 博：weibo.com/cmp1952
010-68326294 金 书 网：www.golden-book.com
封底无防伪标均为盗版 机工教育服务网：www.cmpedu.com

使 用 说 明

1. 购书送课，全程微课堂托管

本书提供教材配套的微课堂，教材对应的章节采用微课堂的形式进行讲解。微课堂开篇采用"知识框架"进行引导梳理，结尾采用"归纳总结"的方式进行收尾，有趣且不枯燥，短小的微课堂有声音有影像，配合图书更容易理解并记忆。通过"微课堂"将知识进行前后串讲，连贯性强，融合习题，能实现高效备考的目的。

2. 在线答疑，跟踪保姆式解答

本书提供答疑服务。购买图书之后，考生请加入该书的专属答疑群（二级造价备考 Q 群，661600615），在群里读者可以提出有关本书的疑难问题，将有专人提供解答。同时，还可以在群里与考友、老师进行交流，获得考试的相关信息、复习的相关资料、冲刺的考点重点，并能与各位考友相互监督，共同备考。

3. 同步题库，线上移动式练习

针对二级造价工程师的备考内容，本书提供了线上移动式题库，该题库和每章内容同步对应，将碎片化的知识体现在同步习题中，在短时内切实帮助考生理解知识点，掌握重难点，提高应试水平。除答案外还附有答案解析，让考生对每个题目都能有一个完整、清晰的解题思路，考生可通过同步练习检验自己的学习效果。

4. 全真模拟，精准考场式实战

系统学习之后，实战练习势在必行。本书提供了全真模拟试题，全真模拟试题参考了历年的造价员考试和一级造价工程师的命题模式，提炼考核要点，模拟命题趋势和变化，让考生全面了解考试内容，体验考试风格，在实战模拟中获得提高。

5. 职业实训，就业开放式提升

当你取得了二级造价工程师证书，你的人生或许因为该证书而改变，你的职业选择又多了一条方向。在你收获证书的同时，你还会有更大的意外惊喜，那就是我们会在开放式的就业平台将造价人才和造价企业进行无缝对接（关注"鸿图造价"公众号），在这里，你可以开启你的造价职业之旅！

本书提供的增长服务可通过扫描封底的机械工业出版社建筑分社微信公众号（或搜索CMPJZ18），回复"ZJ19"获得下载地址，也可扫描书后二维码进交流群获取。

前　言

工程造价专业是在工程管理专业的基础上发展起来的新专业，每个工程从开工到竣工都要求有造价人员全程参与，开工的预算、工程进度拨款及竣工结算的工作都要求造价人员进行预算。从工程投资方和工程承包施工单位到工程造价咨询公司都要有自己的造价人员。

以前的造价员通常是指通过造价员资格考试，取得全国建设工程造价员资格证书，并经登记注册取得从业印章，从事工程造价活动的专业人员，直至 2016 年造价员考试暂停。二级造价工程师职业资格考试是在原全国造价员考试取消后，新增的职业资格考试。

本书以《建设工程工程量清单计价规范》《房屋建筑与装饰工程工程量计算规范》以及《建筑安装工程费用项目组成》《中华人民共和国招标投标法》《中华人民共和国建筑法》《中华人民共和国合同法》为依据，在全面理解规范及相关法律、法规的前提下，力求深入浅出、通俗易懂，并兼顾实用性。在阐述基础知识及原理的基础上，辅以图表实例加以说明。本书整体上主次分明，布局合理，力求把知识点简单化、生动化、形象化。

通过本科目考试，主要检验应考人员对工程造价管理相关法律、法规与制度，工程项目管理，工程造价构成，工程计价方法及依据的掌握情况，在工程决策和设计、招标投标、施工和竣工阶段进行造价管理的能力。

本书在编写过程中，得到了许多同行的支持与帮助，在此一并表示感谢。由于编者水平有限和时间紧迫，书中难免有错误和不妥之处，望广大读者批评指正。如有疑问，可发邮件至 zjyjr1503@163.com 或添加二造备考 QQ 群（661600615）与编者联系。

全国造价工程师培训教材编写委员会

目 录

第1章　工程造价管理相关法律法规与制度

1.1　工程造价管理相关法律法规

1.1.1　《中华人民共和国建筑法》

《中华人民共和国建筑法》（简称《建筑法》）是为加强对各类房屋建筑及其附属设施的建造和与其配套的线路、管道、设备的安装活动的监督管理，维护市场秩序，保证工程质量和安全，促进建筑业健康发展而制定的。但其中关于施工许可、企业资质审查和工程发包、承包、禁止转包，以及工程监理、安全和质量管理的规定，也适用于其他专业建筑工程的建筑活动。

1. 建筑许可

建筑工程许可制度，包括建筑工程施工许可制度和从业资格制度两个方面。

（1）建筑工程施工许可制度。建筑工程施工许可制度，是指建设行政主管部门依据法定程序和条件，审查建筑工程的施工条件，对符合条件者准许开工并颁发施工许可证的管理制度。

施工许可证的申领，除国务院建设行政主管部门确定的限额以下的小型工程外，建筑工程开工前，建设单位应当按照国家有关规定向工程所在地县级以上人民政府建设行政主管部门申请领取施工许可证。

申请领取施工许可证，应当具备如下条件：①已办理工程用地批准手续；②在城市规划区内的，已取得规划许可证；③需要拆迁的，其拆迁进度符合施工要求；④已确定建筑施工单位；⑤有满足施工需要的施工图及技术资料；⑥有保证工程质量和安全的具体措施；⑦建设资金已经落实；⑧法律、行政法规规定的其他条件。

建设行政主管部门应当自收到申请之日起 15 日内，对符合条件的申请者颁发施工许可证。

建设单位应当自领取施工许可证之日起三个月内开工。因故不能按期开工，应当向发证机关申请延期；延期以两次为限，每次不超过三个月。既不开工又不申请延期或者超过延期时限，施工许可证自行废止。

在建工程因故中止施工，建设单位应当自中止施工之日起一个月内，向发证机关报告，并按照规定做好建设工程的维护管理工作。工程恢复施工时，应当向发证机关报告；对中止施工满一年的工程，恢复施工前，建设单位应当报发证机关核验施工许可证。

批准开工报告的建筑工程不能按期开工或中止施工的处理。按照国务院有关规定批准开工报告的建筑工程，因故不能按期开工或者中止施工的，应当及时向批准机关报告情况。因故不能按期开工超过六个月的，应当重新办理开工报告的批准手续。

（2）从业资格制度。从业资格制度包括从事建筑活动的企业、单位资质制度和专业技术人员资格制度。

企业单位条件要求：从事建筑活动的施工企业，勘察、设计和监理单位应当具备：①有符合国家规定的注册资本；②有与其从事的建筑活动相适应的具有法定执业资格的专业技术人员；③有从事相关建筑活动所应有的技术装备；④法律、行政法规规定的其他条件。

企业单位资质管理：从事建筑活动的施工企业，勘察、设计和监理单位，按照其拥有的注册资本、专业技术人员、技术装备、已完成的建筑工程业绩等资质条件，划分为不同的资质等级，经资质审查合格，取得相应等级的资质证书后，方可在其资质等级许可的范围内从事建筑活动。

专业技术人员资格：从事建筑活动的专业技术人员，例如建筑师、结构工程师、造价工程师、监理工程师等，应当依法取得相应的执业资格证书，并在执业资格证书许可的范围内从事建筑活动。

2. 建筑工程发包与承包

（1）建筑工程发包。建筑工程发包方式分为招标发包和直接发包两种，招标发包是建筑工程发包的主要形式，招标发包是指由建设单位设定标的并编制反映其建设内容与要求的合同文件，吸引承包人参与竞争，按照特定程序择优选择，达成合意并签订合同。

根据《中华人民共和国招标投标法》（简称《招标投标法》）附则的有关规定，涉及国家安全、国家秘密、抢险救灾或者属于利用扶贫资金实行以工代赈，需要使用农民工等特殊情况，不适宜进行招标投标的项目，按照国家有关规定可以不进行招标。

直接发包是指由发包人直接选定特定的承包人，与其进行直接协商谈判，对工程建设达成一致协议后，与其签订建筑工程承包合同的发包方式。发包人应将建筑工程发包给具有相应资质条件的承包单位。

（2）建筑工程承包。建筑工程承包是将一个项目承包给具有完成这个任务资质和能力的承包者。

1）按承包范围（内容）划分承包方式，可分为：建设全过程承包、阶段承包、专项承包、"建造—经营—转让"承包。

①建设全过程承包。建设全过程承包也叫"统包"，即通常所说的"交钥匙"。采用这种承包方式，建设单位一般只要提出使用要求和竣工期限，承包单位即可对项目建议书、可行性研究、勘察设计、设备询价与选购、材料订货、工程施工、生产职工培训，直至竣工投产，实行全过程、全面的总承包，并负责对各项分包任务进行综合管理、协调和监督工作。

②阶段承包。阶段承包的内容是建设过程中某一阶段或某些阶段的工作，例如可行性研究、勘察设计、建筑安装施工等。

③专项承包。专项承包的内容是在某一建设阶段中的某一专门项目，由于专业性较强，多由有关的专业承包单位承包，故称专业承包。

④"建造—经营—转让"承包。即国际上通称的 BOT 方式，其程序一般是由某一个大承包商或开发商牵头，联合金融界单位组成财团，就某一工程项目向政府提出建议和申请，取得建设和经营该项目的许可。这些项目一般是大型公共工程和基础设施，例如隧道、港口、高速公路、电厂等。

2）按承包者所处地位划分承包方式。

①总承包。一个建设项目建设全过程或其中某个阶段（例如施工阶段）的全部工作，由一个承包单位负责组织实施。

②分承包。分承包简称分包，是相对总承包而言的，即承包者不与建设单位发生直接关系，而是从总承包单位分包某一分项工程（例如土方、模板、钢筋等）或某种专业工程（例如钢结构制作和安装、卫生设备安装、电梯安装等），在现场上由总承包统筹安排其活动，并对总承包负责。

③独立承包。独立承包是指承包单位依靠自身的力量完成承包任务，而不实行分包的承包方式。通常仅适用于规模较小、技术要求比较简单的工程以及修缮工程。

④联合承包。联合承包是相对于独立承包而言的承包方式，即由两个以上承包单位组成联合体承包一项工程任务，由参加联合的各单位推定代表统一与建设单位签订合同，共同对建设单位负责，并协调它们之间的关系。

⑤直接承包。直接承包就是在同一工程项目上，不同的承包单位分别与建设单位签订承包合同，各自直接对建设单位负责。

（3）建筑工程监理。国家推行建筑工程监理制度，国务院可以规定实行强制性监理的工程范围。实行监理的建筑工程，由建设单位委托具有相应资质条件的工程监理单位监理，建设单位与其委托的工程监理单位应当订立书面委托监理合同。

实施建筑工程监理前，建设单位应当将委托的工程监理单位、监理的内容及监理权限，书面通知被监理的建筑施工企业。建筑工程监理应当依据法律、行政法规及有关的技术标准、设计文件和工程承包合同，对承包单位在施工质量、建设工期和建设资金使用等方面，代表建设单位实施监督。工程监理人员认为工程施工不符合工程设计要求、施工技术标准和合同约定的，有权要求施工企业改正。工程监理人员发现工程设计不符合建筑工程质量标准或者合同约定的质量要求的，应当报告建设单位要求设计单位改正。

工程监理单位应当在其资质等级许可的监理范围内，承担工程监理业务。工程监理单位应当根据建设单位的委托，客观、公正地执行监理任务。工程监理单位与被监理工程的承包单位以及建筑材料、建筑构配件和设备供应单位不得有隶属关系或者其他利害关系，工程监理单位不得转让工程监理业务。

工程监理单位不按照委托监理合同的约定履行监理义务，对应当监督检查的项目不检查或者不按照规定检查，给建设单位造成损失的，应当承担相应的赔偿责任。工程监理单位与承包单位串通，为承包单位谋取非法利益，给建设单位造成损失的，应当与承包单位承担连带赔偿责任。

（4）建筑安全生产管理。建筑工程安全生产管理必须坚持安全第一、预防为主的安全生产方针，建立健全安全生产的责任制度和群防群治制度。

建筑施工企业应当在施工现场采取维护安全、防范危险、预防火灾等措施；有条件的，应当对施工现场实行封闭管理，施工现场对比邻的建筑物、构筑物和特种作业环境可能造成损害的，建筑施工企业应当采取安全防护措施。

（5）建筑工程质量管理。建设单位不得以任何理由，要求建筑设计单位或者建筑施工企业在工程设计或者施工作业中，违反法律、行政法规和建筑工程质量、安全标准，降低工程质量。

建筑设计单位和建筑施工企业对建设单位违反上面规定提出的降低工程质量的要求，应当予以拒绝。

建筑工程勘察、设计的质量是决定整个建筑工程质量的基础，如果勘察、设计的质量存在问题，整个建筑工程的质量也就没有保障。建筑工程的勘察、设计单位必须对其勘察、设计的质量负责，勘察、设计文件应符合有关法律、行政法规的规定。这里讲的符合法律、行政法规，既包括要符合《中华人民共和国建筑法》的规定，也包括要符合城市规划法、土地管理法、环境保护法以及其他相关的法律、行政法规的规定。

设计单位对设计文件选用的建筑材料、建筑构配件和设备，应当做到注明所选用建筑材料、建筑构配件和设备的规格；注明所选用的建筑材料、建筑构配件和设备的型号；注明所选用的建筑材料、建筑构配件和设备的性能；所选用的建筑材料、建筑构配件和设备的质量要求，必须符合有关的强制性的国家标准和行业标准。

1.1.2 《中华人民共和国合同法》

1. 合同

《中华人民共和国合同法》（简称《合同法》）上的合同是指平等主体之间设立、变更、终止民事权利义务关系的协议。变动民事法律关系从内容上来看，这一协议是设立、变更、终止民事权利义务关系的，具体说来，民事权利义务关系包括了物权关系、债权关系、身份关系。

《合同法》在分则部分规定了15类基本（有名）合同类型，分别是买卖合同、供用电、水、气、热力合同、赠与合同、借款合同、租赁合同、融资租赁合同、承揽合同、建设工程合同、运输合同、技术合同、保管合同、仓储合同、委托合同、行纪合同、居间合同。

订立合同的当事人，应当具有相应的民事权利能力和民事行为能力，当事人依法可以委托代理人订立合同。

当事人订立合同，有书面形式、口头形式和其他形式。法律、行政法规规定采用书面形式的，应当采用书面形式。当事人约定采用书面形式的，应当采用书面形式。

（1）书面形式。书面形式是指合同书、信件和数据电文（包括电报、电传、传真、电子数据交换和电子邮件）等可以有形地表现所载内容的形式。书面形式又可分为一般书面形式和特殊书面形式，书面合同的优点在于有据可查、权利义务记载清楚、便于履行，发生纠纷时容易举证和分清责任，书面合同是实践中广泛采用的一种合同形式。

1）合同书。合同书是书面合同的一种，也是合同中常见的一种。合同书有标准合同书和非标准合同书，标准合同书是指合同条款由当事人一方预先拟定，对方只能表示同意或者不同意的合同书，即格式条款合同；非标准合同书是指合同条款完全由当事人双方协商一致所签订的合同书。

2）信件。信件是当事人就要约与承诺的内容相互往来的普通信函。信件的内容一般记载于纸张上，因而也是标书的一种。它与通过计算机及其网络手段而产生的信件不同，后者被称为电子邮件。

3）数据电文。数据电文包括传真、电子数据交换和电子邮件等。其中，传真是通过电子方式来传递信息的，其最终传递结果总是产生一份书面材料。而电子数据交换和电子邮件虽然也是通过电子方式传递信息，可以产生以纸张为载体的书面资料，但也可以被存储在磁带、磁盘或接收者选择的其他非纸张的中介物上。

（2）口头形式。口头形式是指当事人用谈话的方式订立的合同，如当面交换、电话联系等。口头合同形式一般运用于标的数额较小和即时结清的合同。例如，到商店、集贸市场购买商品，基本上都是采用口头合同形式。以口头形式订立合同，其优点是建立合同关系简便、迅速，缔约成本低。但在发生争议时，难以取证、举证，不易分清当事人的责任。

（3）其他形式。其他形式是指除书面形式、口头形式以外的方式来表现合同内容的形式，主要包括默示形式和推定形式。默示形式是指当事人既不用口头形式、书面形式，也不用实施任何行为，而是以消极的不作为的形式进行的意思表示。默示形式只有在法律有特别规定的情况下才能运用。推定形式是指当事人不用语言、文字，而是通过某种有目的的行为表达自己意思的一种形式，从当事人的积极行为中，可以推定当事人已进行意思表示。

2. 合同内容

合同的内容由当事人约定，它主要包括以下几项：

1）合同标的。它指合同双方权利义务关系的对象，不同种类的合同，有不同的标的。另外在合同中必须对标的做出严格规定，且不可违反国家法律、政策规定，否则无效。

2）数量和质量。这是对标的的具体化。其中数量约定应当按国家所规定的计量单位确定，质量的约定应当符合国家规定和标准化要求。

3）价款或报酬。即指标的为货物的合同中，需方向供方所支付的货币，以及标的为劳务的合同中，接受劳务方对提供劳务方支付的报酬。

4）履行期限。即合同当事人除遇不可抗力均应在规定期限内履行诺言，否则承担违约责任。一般履行期限越具体越好。

5）履行地点与方式。即合同双方当事人约定完成合同所规定义务的场所以及所采用的方式，一般来说履行的方式有运输、支付、结算、包装等，不同的合同其方式也不同。这两点也是发生合同纠纷时是否违约的证据，必须明确。

6）违约责任。它指的是一旦合同当事人不履行或不按合同约定要求履行合同义务，应当承担的相应的后果，一般来说它分为支付违约金、赔偿损失等几种方式。

《合同法》在分则中对建设工程合同（包括工程勘察、设计、施工合同）内容做了专门规定。

（1）勘察、设计合同的内容。包括提交基础资料和文件（包括概预算）的期限、质量要求、费用以及其他协作条件等条款。

（2）施工合同的内容。包括工程范围、建设工期、中间交工工程的开工和竣工时间、工程质量、工程造价、技术资料交付时间、材料和设备供应责任、拨款和结算、竣工验收、质量保修范围和质量保证期、双方相互协作等条款。

3. 合同订立程序

合同的订立程序要经过要约和承诺两个过程。

（1）要约。要约是合同当事人一方向另一方做出的以一定条件订立合同的意思表示。前者称为要约人，后者称为受要约人。要约要取得法律效力，应具备的条件为：

1）要约是特定的合同当事人向相对人所做的意思表示。可以由当事人本人做出，也可委托其代理人做出。相对人可以是特定人，也可以是不特定人。

2）表明经受要约人承诺，要约人即受该意思表示约束，即以签订合同为目的。

3）要约内容具体确定。要约的内容应具备合同得以成立的必要条款，例如买卖合同最起码应具备标的、数量、价款条款。因为要约发出后，只要要约人在要约有效期内收到受要约人无条件接受的意思表示，双方合同成立。

（2）要约的撤回和撤销。要约到达受要约人时生效。

1）要约可以撤回。要约的撤回是指在要约发生法律效力之前，要约人取消要约或阻止要约生效的行为。撤回要约的通知应当在要约到达受要约人之前或者与要约同时到达受要约人。

2）要约可以撤销。要约的撤销是指在要约生效后，要约人依法取消要约，使其丧失法律效力的行为。撤销要约的通知应当在受要约人发出承诺通知之前到达受要约人。

但是有以下情形之一的，要约不得撤销：要约人确定了承诺期限或者以其他形式表明要约不可撤销；受要约人有理由认为要约不可撤销，并已经为履行合同做了准备工作。这两种情况下要约不得撤销。

（3）要约的实效。要约的实效又称为要约的消灭，是指要约丧失了法律约束力。《合同法》规定有下列情形之一的，要约失效：

1）受要约人对要约的内容做出实质性变更。

2）要约人依法撤销要约。

3）承诺期限届满，受要约人未做出承诺。

4）拒绝要约的通知到达要约人。

要约失效后，要约人不再承担必须接受承诺的义务；受要约人也丧失了承诺的资格，即使再向要约人表示接受，也只能作为新要约。

（4）承诺。承诺是受要约人同意要约的意思表示。一项有效承诺应具备以下要件：

1）承诺必须由受要约人做出。

2）承诺应当以通知的方式做出。

3）承诺应当在要约确定的承诺期限内到达要约人。

4）承诺的内容应当与要约的内容一致。

受要约人对要约的内容做出实质性变更的，为新要约。有关合同标的、数量、质量、价款或者报酬、履行期限、履行地点和方式、违约责任和解决争议方法等的变更，是对要约内容的实质性变更。承诺对要约的内容做出非实质性变更的，除要约人及时表示反对或者要约表明承诺不得对要约的内容做出任何变更的以外，该承诺有效，合同的内容以承诺的内容为准。

4. 合同的成立

我国《合同法》第三十二条明确规定，当事人采用合同书形式订立合同的，自双方当事人签字或者盖章时合同成立；同时该法第三十三条又规定，当事人采用信件、数据电文等形式订立合同的，可以在合同成立之前要求签订确认书。签订确认书时合同成立。

承诺生效的地点为合同成立的地点，采用数据电文形式订立合同的，收件人的主营业地为合同成立的地点；没有主营业地的，其经常居住地为合同成立的地点。当事人另有约定的，按照其约定。

合同成立的情形还包括法律、行政法规或者当事人约定采用书面形式订立合同，当事人未采用书面形式但一方已经履行主要义务，对方接受的；采用合同书形式订立合同，在签字或者盖章之前，当事人一方已经履行主要义务，对方接受的。

5. 格式条款

格式条款是当事人为了重复使用而预先拟定，并在订立合同时未与对方协商的条款。格式条款使当事人订立合同的过程得以简化，提高交易效率。但是，提供格式条款一方当事人往往会利用其优势地位，在条款中列入一些不公平的条款，而对方当事人由于其自身地位的原因，只能被动接受，因此这样的合同往往会违背公平原则。所以法律规定提供格式条款的一方应当遵循公平原则确定当事人之间的权利义务，并采用合理的方式提请对方注意免除或者限制其责任的条款，按照对方的要求，对该条款予以说明。

当对格式条款的理解发生争议时，应依以下原则处理：

（1）按照通常理解予以解释。因为格式合同是由一方当事人提供的，其措辞和制定的内容最大程度上反映了自己的意志，依自己的理解定义，如合同双方在对格式理解发生争议时，仍依照提供方的意思来解释就难以使当事人双方利益平衡，而如以常规、通常的理解来解释则较为客观、公正。

（2）对格式条款有两种以上解释的，应当做出不利于提供格式条款一方的解释。

（3）格式条款无效。提供格式条款一方免除其责任、加重对方责任、排除对方主要权利的，该条款无效。格式条款的无效情形在《合同法》中规定有9种。

6. 缔约过失责任

缔约过失责任是指在合同订立过程中，一方当事人因违背其应依据诚实信用原则所尽的义务，而导致另一方的利益损失，应承担的民事责任。

我国《合同法》第四十二条确立了缔约过失责任制度，该条规定："当事人在订立合同过程中有下列情形之一，给对方造成损失的，应当承担损害赔偿责任：

（1）假借订立合同，恶意进行磋商。

（2）故意隐瞒与订立合同有关的重要事实或者提供虚假情况。

（3）有其他违背诚实信用原则的行为。

可见缔约过失责任实质上是诚实信用原则在缔约过程中的体现。

7. 合同效力

（1）合同生效。合同生效与合同成立是两个不同的概念，合同成立一般是合同的当事人就合同的条款协商一致。一般合同成立后便产生了一定的法律效力，但是由于订立合同的方式不同，法律规定有所不同，合同成立的时间也有区别。

合同成立的标志是双方当事人意思表示一致；而合同生效分为下列几类：

1）依法成立的合同，自成立时生效，即当事人意思表示一致，合同就成立，同时也生效。

2）除具备双方当事人意思表示一致外，按法律、行政法规规定还应当办理批准、登记等手续生效的，履行法定手续时生效。

3）合同虽然成立，但还必须具备双方当事人所约定的生效条件时或双方当事人所约定的生效期限届满时才能生效。

合同成立的时间以当事人意思表示一致为标志，承诺生效时合同成立；而合同生效的时间在大多数情况下，即合同成立的时间，如果是法律、行政法规有特别规定或合同当事人另有约定的，依法律、行政法规的规定或当事人的约定，如法律、行政法规规定应当办理批准、登记手续的合同。

合同成立的法律效力是要约人不得撤回要约，承诺人不得撤回承诺，但要约人与承诺人的权利义务仍未得到法律认可，仍处于不确定的状态，如果成立的合同无效或被撤销，那么它设定的权利义务关系对双方当事人就没有法律约束力；而合同生效是法律对当事人意思表示的肯定评价，表明当事人的意思表示符合国家意志，当事人设定的权利义务得到国家强制力的保护。

合同成立的事实是当事人的意思表示一致，合同成立与否取决于当事人的意志，与国家意志无关；而合同生效的事实是由国家意志对当事人的意志做出肯定评价而产生的价值事实。因此，合同的成立与生效实质上是法律对当事人意思表示与国家意志关系的调整，即通过对合同效力的确认，将当事人的意思表示纳入国家意志认可的范围，使当事人之间、当事人与社会公共利益之间的利益得到平衡，从而促进社会经济的正常运行。

（2）效力待定合同。合同效力待定，是指合同成立以后，因存在不足以认定合同有效的瑕疵，致使合同不能产生法律效力，在一段合理的时间内合同效力暂不确定，由有追认权的当事人进行补正或有撤销权的当事人进行撤销，再视具体情况确定合同是否有效。处于此阶段中的合同，为效力待定的合同。

《合同法》将效力待定合同规定为三类：限制民事行为能力人订立的合同；无权代理人以本人名义订立的合同；无处分权人处分他人财产而订立的合同。

1）限制民事行为能力人订立的合同。限制民事行为能力人签订的合同要具有效力，一个最重要的条件就是，要经过其法定代理人的追认。这种合同一旦经过法定代理人的追认，就具有法定效力。在没有经过追认前，该合同虽然成立，但是并没有实际生效。合同的相对人可以催告限制民事行为人的法定代理人在一个月内予以追认，法定代理人未做表示的，视为拒绝追认。相对人除了有催告权外，还有撤销合同的权利。这里的撤销权是指合同的相对人在法定代理人追认限制民事行为能力人所签订的合同之前，撤销自己对限制民事行为人所做的意思表示。

2）无权代理人以本人名义订立的合同。所谓无权代理的合同就是无代理权的人代理他人从事民事行为，而与相对人签订的合同。因无权代理而签订的合同有以下三种情形：

①根本没有代理权而签订的合同，是指签订合同的人根本没有经过被代理人的授权，就以被代理人的名义签订的合同。

②超越代理权而签订的合同，是指代理人与被代理人之间有代理关系而存在，但是代理人超越了被代理人的授权，与他人签订的合同。

③代理关系中止后签订的合同，这是指行为人与被代理人之原有代理关系，但是由于代理期限届满、代理事务完成或者被代理人取消委托关系等原因，被代理人与代理人之间的代理关系已不复存在，但原代理人仍以被代理人名义与他人签订的合同。

无权代理人与相对人订立的合同的效力，在《合同法》第四十八条规定为：行为人没有代理权、超越代理权或者代理权终止后，以被代理人名义订立的合同，未经被代理人追认，对被代理人不发生效力，由行为人承担责任。相对人可以催告被代理人在一个月内予以追认。被代理人未做表示的，视为拒绝追认。合同被追认前，善意相对人有撤销的权利。

3）无处分权人处分他人财产订立的合同。无权处分是指无处分权人以自己名义擅自处分他人财产，依新合同法的规定，无权处分行为是否发生效力，取决于权利人追认或处分人是否取得处分权。

（3）无效合同。无效合同是相对于有效合同而言的，是指合同虽然成立，但因其违反法律、行政法规、社会公共利益，被确认为无效。不具有法律约束力的合同，不受国家法律保护，无效合同自始无效，合同一旦被确认无效，就产生溯及既往的效力，即自合同成立时起不具有法律的约束力，以后也不能转化为有效合同。

合同按照全部还是部分不具有法律效力分为全部无效合同和部分无效合同，具有下列情形之一的，可认定合同或者部分合同条款无效：

一方以欺诈、胁迫的手段订立的损害国家利益的合同；恶意串通，并损害国家、集体或第三人利益的合同；合法形式掩盖非法目的的合同；损害社会公共利益的合同；违反法律、行政法规的强制性规定的合同；对于造成对方人身伤害或者因故意或重大过失造成对方财产损失免责的合同条款。

（4）可变更或者撤销合同。所谓可撤销合同是指合同因欠缺一定的生效要件，其有效与否，取决于有撤销权的一方当事人是否行使撤销权的合同。可撤销合同是一种相对有效的合同，在有撤销权的一方行使撤销权之前，合同对双方当事人都是有效的。它是一种相对无效的合同，但又不同于绝对无效的无效合同。

可撤销合同的范围应限定为意思表示不真实合同，主要有三个方面：因重大误解订立的合同；显失公平的合同；以欺诈、胁迫的手段或者乘人之危而订立的合同。

《合同法》为平衡和保护合同双方当事人之利益，以及维护市场交易的安全与社会经济秩序的稳定，赋予当事人撤销权但当有下列情形之一的，撤销权消灭：

具有撤销权的当事人自知道或者应当知道撤销事由之日起一年内没有行使撤销权；具有撤销权的当事人知道撤销事由后明确表示或者以自己的行为放弃撤销权。

在可撤销合同中，具有撤销权的当事人自知道或应当知道撤销事由之日起一年内没有行使撤销权的，该撤销权消灭；在合同保全中，撤销权自债权人知道或应当知道撤销事由之日起一年内行使，但自债务人的行为发生之日起 5 年内没有行使撤销权的，该撤销权消灭。

自此，我们可以看出，撤销权的消灭主要有两方面的原因，在法定的行使期间里撤销权人未曾行使撤销权，则该撤销权归于消灭；撤销权人明确表示或者以自己的行为表示放弃撤销权，该撤销权消灭。

8. 合同履行

合同的履行是指合同的当事人按照合同完成约定的义务，例如交付货物、提供服务、支付报酬或价款、完成工作、保守秘密等。合同履行的基本原则不是仅适用于某一类合同履行的准则，而应是对各类合同履行普遍适用的准则，是各类合同履行都具有的共性要求或反映。

合同履行的原则包括全面履行原则、诚实信用原则、情势变更原则。

全面履行原则，又称适当履行原则或正确履行原则。它要求当事人按合同约定的标的及其质量、数量，合同约定的履行期限、履行地点、适当的履行方式、全面完成合同义务的履行原则。

诚实信用原则就是要求人们在市场活动中讲究信用，恪守诺言，诚实不欺，在不损害他人利益和社会利益的前提下追求自己的利益，以"诚实商人"的形象参加经济活动。

情势变更原则是指在合同有效成立后，履行前，因不可归责于双方当事人的原因而使合同成立的基础发生变化，如继续履行合同将会造成显失公平的后果。在这种情况下，法律允许当事人变更合同的内容或者解除合同，以消除不公平的后果。

9. 合同变更、转让

合同的变更是指合同内容的变更，即合同成立后尚未履行或者尚未完全履行之前，基于当事人的意思或者法律的直接规定，不改变合同当事人、仅就合同关系的内容所做的变更。

合同的转让是指合同成立后，尚未履行或者尚未完全履行之前，合同当事人对合同债权债务所做的转让，包括债权转移、债务转移和债权债务概括转移。

（1）债权转让。合同债权人可以通过协议将其债权全部或部分地转让给第三人，但在几种情况下不得转让：根据合同性质不得转让的；按照当事人约定不得转让的；依照法律规定不得转让的。

（2）债务转让。债务转让是指合同债务人通过协商，将合同债务全部或者部分转让给第三人承担的行为。

10. 合同终止

合同终止是指因发生法律规定或当事人约定的情况，使合同当事人之间的权利义务关系消灭，使合同的法律效力终止。合同当事人双方在合同关系建立以后，因一定的法律事实的出现，使合同确立的权利义务关系消灭。

合同终止的情形包括债务已经按照约定履行；合同解除；债务相互抵销；债务人依法将标的物提存；债权人免除债务；债权债务同归于一人；法律规定或者当事人约定终止的其他情形。

11. 合同解除

合同解除是指在合同有效成立以后，当解除的条件具备时，因当事人一方或双方的意思表示，使合同自始或仅向将来消灭的行为。

有下列情形之一的，当事人可以解除合同：

1）因不可抗力致使不能实现合同目的。

2）在履行期限届满之前，当事人一方明确表示或者以自己的行为表明不履行主要债务。

3）当事人一方迟延履行主要债务，经催告后在合理期限内仍未履行。

4）当事人一方迟延履行债务或者有其他违约行为致使不能实现合同目的。

5）法律规定的其他情形。

合同解除分为协议解除和法定解除两种情况。

（1）协议解除。协议解除是指当事人双方通过协商同意将合同解除的行为，它不以解除权的存在为必要，解除行为也不是解除权的行使。

（2）法定解除。在法定解除中，有的以适用于所有合同的条件为解除条件，有的则仅以适用于特定合同的条件为解除条件。前者为一般法定解除，后者称为特别法定解除。

12. 违约责任

违约责任是指当事人不履行合同义务或者履行合同义务不符合合同约定而依法应当承担的民事责任。

违约责任的特点是：违约责任成立以有效的合同存在为前提，违约责任也不同于侵权责任，其可以由当事人在订立合同时事先约定；其属于一种财产责任。

违约行为的主体是合同当事人，合同具有相对性，违反合同的行为只能是合同当事人的行为。如果由于第三人的行为导致当事人一方违反合同，对于合同双方来说只能是违反合同的当事人实施了违约行为，第三人的行为不构成违约。

违约行为是一种客观的违反合同的行为。违约行为的认定以当事人的行为是否在客观上与约定的行为或者合同义务相符合为标准，而不管行为人的主观状态如何。

违约行为侵害的客体是合同对方的债权。因违约行为的发生，使债权人的债权无法实现，从而侵害了债权。

1.1.3　其他法律法规

价格法是指国家为调整与价格的制定、执行、监督有关的各种经济关系而制定的法律规范的总称。"价格"包括商品价格和服务价格。

经营者定价应当遵守的原则有：经营者定价，应当遵循公平、合法和诚实信用的原则；经营者定价的基本依据是生产经营成本和市场供求状况；经营者应当努力改进生产经营管理，降低生产经营成本，为消费者提供价格合理的商品和服务，并在市场竞争中获取合法利润；经营者应当根据其经营条件建立、健全内部价格管理制度，准确记录与核定商品和服务的生产经营成本，不得弄虚作假。

经营者进行价格活动，享有自主制定属于市场调节的价格；在政府指导价规定的幅度内制定价格；制定属于政府指导价、政府定价产品范围内的新产品的试销价格，特定产品除外；检举、控告侵犯其依法自主定价权利的行为的权利。

经营者进行价格活动，应当遵守法律法规，执行依法制定的政府指导价、政府定价和法定的价格干预措施、紧急措施。

经营者不得进行相互串通，操纵市场价格，损害其他经营者或者消费者的合法权益；为了排挤竞争对手或者独占市场，以低于成本的价格倾销，扰乱正常的生产经营秩序，损害国家利益或者其他经营者的合法权益；捏造、散布涨价信息，哄抬价格，推动商品价格过高上涨的；利用虚假的或者使人误解的价格手段，诱骗消费者或者其他经营者与其进行交易；违反法律法规的规定牟取暴利等不正当价格行为。

下列商品和服务价格，政府在必要时可以实行政府指导价或者政府定价：与国民经济发展和人民生活关系重大的极少数商品价格；资源稀缺的少数商品价格；自然垄断经营的商品价格；重要的公用事业价格；重要的公益性服务价格。

1.2　工程造价管理制度

1.2.1　工程造价和工程造价管理

工程造价是指进行某项工程建设所花费的全部费用，其核心内容是投资估算、设计概算、修正概算、施工图预算、工程结算、竣工结算等。工程造价的主要任务是根据图纸、定额以及清单规范，计算出工程中所包含的直接费（人工、材料及设备、施工机具使用）、企业管理费、措施费、规费、利润及税金等。工程造价有两种含义，一种是指建设一项工程预期开支或实际开支的全部固定资产投资费用；另一种是认定为工程发承包价。

工程造价管理是指运用科学、技术原理和方法，在统一目标、各负其责的原则下，为确保建设工程的经济效益和有关各方面的经济权益而对建设工程造价及建筑安装工程价格所进行的全过程、全方位的符合政策和客观规律的全部业务行为和组织活动，工程造价管理用于建设工程投资费用管理和工程价格管理。

1. 工程造价的宏观与微观管理

工程造价管理有宏观层次的工程建设投资管理，也有微观层次的工程项目费用管理，工程造价的宏观管理是指政府部门根据社会经济发展需求，利用法律、经济和行政手段规范市场主体的价格行为、监控工程造价的系统活动；工程造价的微观管理是指工程参建主体根据工程计价依据和市场价格信息等预测、计划、控制、核算工程造价的系统活动。

2. 建设工程全面造价管理

全面造价管理是指有效地利用专业知识和技术对资源、成本、盈利和风险进行筹划和控制。建设工程全面造价管理包括全过程造价管理、全要素造价管理和全方位造价管理等。

（1）全过程造价管理。全过程造价管理是指覆盖建设工程策划决策及建设实施各阶段的造价管理。包括：①策划决策阶段的项目策划、投资估算、项目经济评价、项目融资方案分析；②设计阶段的限额设计、方案比选、概预算编制；③招标投标阶段的标段划分、发承包模式及合同形式的选择、招标控制价或标底编制；④施工阶段的工程计量结算、工程变更控制、索赔管理；⑤竣工验收阶段的结算与决算等。

（2）全要素造价管理。影响建设工程造价的因素有很多。为此，控制建设工程造价不仅仅是控制建设工程本身的建造成本，还应同时考虑工期成本、质量成本、安全与环境成本的控制，从而实现工程成本、工期、质量、安全、环保的集成管理。全要素造价管理的核心是按照优先性原则，协调和平衡工期、质量、安全、环保与成本之间的对立统一关系。

（3）全方位造价管理。建设工程造价管理不仅仅是建设单位或承包单位的任务，还应是政府建设主管部门、行业协会、建设单位、设计单位、施工单位以及有关咨询机构的共同任务。尽管各方的地位、利益、角度等有所不同，但必须建立完善的协同工作机制，才能实现建设工程造价的有效控制。

1.2.2　工程造价咨询管理制度

工程造价咨询是指工程造价咨询企业接受委托，对建设项目工程造价的确定与控制提供专业服务，出具工程造价成果文件的活动。

工程造价咨询管理制度目的是加强造价咨询公司管理，规范咨询工作流程，提高咨询服务效率；工程造价咨询管理制度包括人事管理制度、文件管理制度、会议管理制度、员工招聘管理制度、岗位职责管理制度、安全管理制度、技术档案管理制度、质量控制制度和财务管理制度。适用于公司所有项目选用造价咨询公司的管理。

1. 咨询资料交接及咨询成果签收制度

在签订工程造价咨询合同后，接受委托方提供咨询资料时应办理资料交接手续，项目完成后应及时归还咨询资料并办理资料归还手续。经办人员应签字，并注明日期，在项目完成后和咨询成果文件一起归档。

造价咨询成果文件完成并提交委托人时，应填写咨询成果文件签收单，项目完成后和咨询成果一起归档。

2. 工程造价成果文件质量控制制度

（1）依照委托人的委托，严格按照相关法律法规及标准规定进行造价成果文件编制。

（2）按照委托项目的情况，组织项目部对工程造价成果进行编制，对该工作实行项目负责制，经总经理授权后由项目负责人（签字造价工程师）对编制工作的质量、进度全权负责，并负责与委托人之间的协调工作。

3. 工程造价咨询档案管理制度

档案室专职（或兼职）资料员，具体负责档案管理，做好档案接收、移交、整理，登记、保管、借阅等工作。

归档的文件资料和业务档案必须保持相互间的历史联系，区分保管、分类整理，并编制档案目录、卡片，保持整洁，便于查阅。查阅档案资料，必须办理借阅登记手续，查阅完毕后应及时归还。查阅档案时，涉及商业机密的，查阅人员必须承担保密责任。业务档案一般不对外借阅，确因工作需要，须事先经主管副总批准，方可调阅。

档案室要做好档案的安全保密工作，不得有遗失，如在借阅过程中导致遗失，要查清责任者，由责任者填写遗失单，报请主管副总做出处理。重要资料遗失应及时报案查找。

1.2.3　工程造价人员执业资格管理制度

工程造价人员包括工程一级造价工程师和二级造价工程师，无论是什么职位作为专业工程造价人员都必须要符合一定的素质要求和遵守相关法律法规。

二级造价工程师由各省、自治区、直辖市自主命题并组织考试。二级造价工程师可独立开展建设工程工料分析、计划、组织与成本管理，施工图预算、设计概算、建设工程工程量清单、最高投标限价、投标报价、建设工程合同价款、结算价款和竣工决算价款的编制等工作。

1. 造价工程师的素质要求

造价工程师是复合型的专业管理人才，应具备技术技能、人文技能及相应的观念技能，更加不能缺少的是健康的体魄。

2. 二级造价工程师报考条件

凡遵守中华人民共和国宪法、法律法规，具有良好的业务素质和道德品行，具备下列条件之一者，可以申请参加二级造价工程师职业资格考试。

1）具有工程造价专业大学专科（或高等职业教育）学历，从事工程造价业务工作满2年；具有土木建筑、水利、装备制造、交通运输、电子信息、财经商贸大类大学专科（或高等职业教育）学历，从事工程造价业务工作满3年。

2）具有工程管理、工程造价专业大学本科及以上学历或学位，从事工程造价业务工作满1年；具有工学、管理学、经济学门类大学本科及以上学历或学位，从事工程造价业务工作满2年。

3）具有其他专业相应学历或者学位的人员，从事工程造价业务工作年限相应增加1年。

具有以下条件之一的，参加二级造价工程师考试可免考基础科目。

①已取得全国建设工程造价员资格证书。

②已取得公路工程造价人员资格证书（乙级）。

③具有经专业教育评估（认证）的工程管理、工程造价专业学士学位的大学本科毕业生。

申请免考部分科目的人员在报名时应提供相应材料。

3. 二级造价工程师考试科目

二级造价工程师职业资格考试设两个科目，包括："建设工程造价管理基础知识"和"建设工程计量与计价实务"。其中，"建设工程造价管理基础知识"为基础科目，"建设工程计量与计价实务"为专业科目。

造价工程师职业资格考试专业科目分为4个专业类别，即土木建筑工程、交通运输工程、水利工程和安装工程，考生在报名时可根据实际工作需要选择其一。

4. 二级造价工程师获取执业资格

工程造价人员需要通过专门的考试来获取执业资格，考试通过后统一由各省、自治区、直辖市人力资源社会保障行政主管部门颁发中华人民共和国二级造价工程师执业资格证书，该证书原则上在所在行政区域内有效。

二级造价工程师执业范围：二级造价工程师主要协助一级造价工程师开展相关工作，可独立开展以下具体工作：

1）建设工程工料分析、计划、组织与成本管理，施工图预算、设计概算编制。

2）建设工程量清单、最高投标限价、投标报价编制。

3）建设工程合同价款、结算价款和竣工决算价款的编制。

4）工程合同价款的签订及变更、调整，工程款支付与工程索赔费用的计算。

5）建设项目管理过程中设计方案的优化、限额设计等工程造价分析与控制，工程保险理赔的核查。

6）工程经济纠纷的鉴定。

造价工程师应在本人工程造价咨询成果文件上签章，并承担相应责任。工程造价咨询成果文件应由一级造价工程师审核并加盖执业印章。

5. 二级造价工程师注册

注册前提条件是已经取得造价工程师执业资格，并受聘于一家工程造价咨询企业或者工程建设领域的建设、勘查设计、施工、招标代理、工程监理、工程造价管理等单位。

经批准注册的申请人，由各省、自治区、直辖市住房和城乡建设、交通运输、水利行政主管部门核发《中华人民共和国二级造价工程师注册证》（或电子证书）。

造价工程师执业时应持注册证书和执业印章。注册证书、执业印章样式以及注册证书编号规则由住房城乡建设部会同交通运输部、水利部统一制定。执业印章由注册造价工程师按照统一规定自行制作。

（1）有下列情况者不予注册：

1）不具有完全民事行为能力的。

2）申请在两个或者两个以上单位注册的。未达到造价工程师继续教育合格标准的。

3）前一个注册期内造价工作业绩达不到规定标准或未办理暂停执业手续而脱离工程造价业务岗位的。

4）受刑事处罚，刑事处罚尚未执行完毕的。

5）因工程造价业务活动受刑事处罚，自刑事处罚执行完毕之日起至申请注册之日止不满 5 年的。

6）因工程造价业务活动以外的原因受刑事处罚，自处罚决定之日起至申请注册之日止不满 3 年的。

7）被吊销注册证书，自被处罚决定之日起至申请之日止不满 3 年的。以欺骗、贿赂等不正当手段获准注册被撤销，自被撤销注册之日起至申请注册之日止不满 3 年的。

8）法律、法规规定不予注册的其他情形。

（2）注册证书实效、撤销注册及注销注册

1）注册证书失效。注册造价工程师有下列情形之一的，其注册证书失效：

①已与聘用单位解除劳动合同且未被其他单位聘用的注册有效期满且未延续注册的。

②死亡或者不具有完全民事行为能力的。

③其他导致注册失效的情形。

2）撤销注册。有下列情形之一的，注册机关或其上级行政机关依据职权或者根据利害关系人的请求，可以撤销注册造价工程师的注册：

①行政机关工作人员滥用职权、玩忽职守做出准予注册许可的。超越法定职权做出准予注册许可的。违反法定程序做出准予注册许可的。

②对不具备注册条件的申请人做出准予注册许可的。依法可以撤销注册的其他情形。同时，申请人以欺骗、贿赂等不正当手段获准注册的，应当予以撤销。

3）注销注册。有下列情形之一的，由注册机关办理注销注册手续，收回注册证书和执业印章或者公告其注册证书和执业印章作废：

①有注册证书失效情形发生的。依法被撤销注册的。

②依法被吊销注册证书的。受到刑事处罚的。

③法律、法规规定应当注销注册的其他情形。

6. 相关处罚

（1）擅自从事工程造价业务的处罚。

未经注册，以注册造价工程师的名义从事工程造价业务活动的，所签署的工程造价成果文件无效，由县级以上地方人民政府建设行政主管部门或者其他有关专业部门给予警告，责令停止违法活动，并可处以 1 万元以上 3 万元以下的罚款。

（2）注册违规的处罚。

1）隐瞒有关情况或者提供虚假材料申请造价工程师注册的，不予受理或者不予注册，并给予警告，申请人在 1 年内不得再次申请造价工程师注册。

2）聘用单位为申请人提供虚假注册材料的，由县级以上地方人民政府建设行政主管部或者其他有关专业部门给予警告，并可处以 1 万元以上 3 万元以下的罚款。

3）以欺骗、贿赂等不正当手段取得造价工程师注册的，由注册机关撤销其注册，3 年内不得再次申请注册，并由县级以上地方人民政府建设主管部门处以罚款。没有违法所得的，处以 1 万元以下罚款；有违法所得的，处以违法所得 3 倍以下且不超过 3 万元的罚款。

4）未按照规定办理变更注册仍继续执业的，由县级以上地方人民政府建设主管部门或者有关专业部门责令限期改正；逾期不改的，可处以 5000 元以下的罚款。

第 2 章　工程项目管理

2.1　工程项目组成和分类

2.1.1　工程项目的组成

工程项目由单项工程、单位（子单位）工程、分部（子分部）工程和分项工程四大部分组成。

（1）单项工程。单项工程是具有独立的设计文件，建成后可以独立发挥生产能力、效益或使用功能的工程。单项工程的施工条件通常具有相对的独立性，因此一般可以单独组织施工和竣工验收。建设项目在全部建成投入使用前，可能陆续建成若干个单项工程。

（2）单位（子单位）工程。单位（子单位）工程是单项工程的组成部分，一般指具有独立施工条件但不能独立发挥生产能力或形成使用功能的工程，只有若干个有机联系、互为配套的单位工程全部建成竣工后才能提供生产和使用条件。例如工业车间厂房必须是厂房土建单位工程与工业设备安装单位工程以及室外各单位工程配套等完成，形成一个单项工程交工系统才能提供生产条件。

（3）分部（子分部）工程。分部（子分部）工程是单位工程的组成部分，按单位工程的各个部分划分。一般工业或民用建筑工程划分为地基与基础工程、主体工程、地面与楼面工程、门窗工程、装修工程、屋面工程等基本分部工程，其相应的建筑设备安装工程由建筑采暖工程与燃气工程、建筑电气安装工程、通风与空调工程、电梯安装工程等分部工程组成。

（4）分项工程。分项工程是对分部工程的再分解，也是建筑施工生产活动的基本元素及形成建筑产品的基本施工过程，例如主体结构工程中的钢筋工程、模板工程、混凝土工程、砌砖工程、木门窗制作工程等。分项工程也是计量工程人工、材料和机械台班消耗的基本单元，是工程质量形成的直接过程。分项工程既有其作业活动的独立性，又有相互联系、相互制约的整体性。

2.1.2　工程项目的分类

工程项目可以从多个角度进行分类，具体分类情况如下。

1. 按建筑性质划分

工程项目按建筑性质可分为新建项目、扩建项目、改建项目、迁建项目和恢复项目。

（1）新建项目。是指根据国民经济和社会发展的近、远期规划，按照规定的程序立项，"从无到有""平地起家"建设的工程项目。

（2）扩建项目。是指现有企业、事业单位在原有场地内或其他地点，为扩大产品的生产能力或增加经济效益而增建的生产车间、独立的生产线或分厂的项目；事业和行政单位在原有业务系统的基础上扩充规模而进行的新增固定资产投资项目。

（3）改建项目。包括挖潜、节能、安全、环境保护等工程项目。

（4）迁建项目。是指原有企业、事业单位和行政单位，根据自身生产经营和事业发展的要求，按照国家调整生产力布局的经济发展战略的需要或出于环境保护等其他特殊要求，搬迁到异地而建设的项目。

（5）恢复项目。是指原有企业、事业和行政单位，因在自然灾害或战争中使原有固定资产遭受全部或部分报废，需要进行投资重建来恢复生产能力和业务工作条件、生活福利设施等的工程项目。这类工程项目，无论是按原有规模恢复建设，还是在恢复过程中同时进行扩建，都属于恢复项目。但对尚未建成投产或交付使用的项目，受到破坏后，若仍按原设计重建的，原建设性质不变；如果按新设计重建，则根据新设计内容来确定其性质。

2. 按投资作用划分

工程项目按投资作用可分为生产性建设工程项目和非生产性建设工程项目。

（1）生产性建设工程项目。是指直接用于物质资料生产或直接为物质资料生产服务的工程建设项目，又分为：

1）工业建设项目。包括工业、国防和能源建设项目。

2）农业建设项目。包括农、林、牧、渔、水利建设项目。

3）基础设施建设项目。包括交通、邮电、通信建设项目，地质普查、勘探建设项目。

4）商业建设项目。包括商业、饮食、仓储、综合技术服务事业的建设项目。

（2）非生产性建设工程项目。是指用于满足人民物质和文化、福利需要的建设项目和非物质资料生产部门的建设项目。主要包括：

1）办公用房。国家各级党政机关、社会团体、企业管理机关的办公用房。

2）居住建筑。住宅、公寓、别墅等。

3）公共建筑。科学、教育、文化艺术、广播电视、卫生、博览、体育、社会福利事业、公共事业、咨询服务、宗教、金融、保险等建设项目。

4）其他工程项目，即不属于上述各类的其他非生产性建设工程项目。

3. 按项目的投资效益划分

按项目的投资效益可分为竞争性项目、基础性项目和公益性项目。

（1）竞争性项目。应以企业作为基本投资主体。

（2）基础性项目。主要应由政府通过经济实体投资。

（3）公益性项目。投资主要由政府用财政资金安排的项目。

4. 按项目的投资来源划分

按项目的投资来源可分为政府投资项目（经营性和非经营性政府投资项目）和非政府投资项目。

（1）按照其营利性不同，政府投资项目又可分为经营性政府投资项目和非经营性政府投资项目。经营性政府投资项目应实行项目法人责任制，非经营性政府投资项目应推行"代建制"。

（2）这类项目一般均实行项目法人责任制，使项目的建设与建成后的运营实现"一条龙"管理。

2.2 工程建设程序

按照我国现行规定，政府投资项目的建设程序各阶段的基本流程如图 2-1 所示。

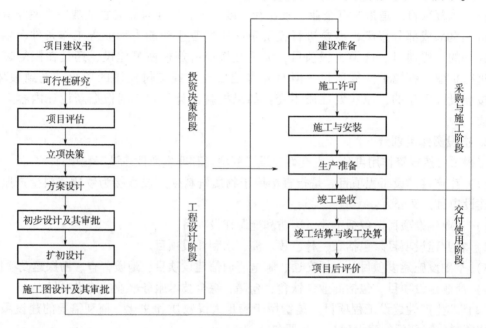

图 2-1　基本流程

2.2.1 决策阶段

1. 项目建议书

一般应包括以下几方面的内容：

（1）项目提出的必要性和依据。

（2）产品方案、拟建规模和建设地点的初步设想。

（3）资源情况、建设条件、协作关系等的初步分析。

（4）投资估算和资金筹措设想。

（5）项目的进度安排。

（6）经济效益和社会效益的估计。

2. 可行性研究报告

（1）可行性研究报告主要包含以下三点内容：

1）进行市场研究，以解决项目建设的必要性问题。

2）进行工艺技术方案的研究，以解决项目建设的技术可行性问题。

3）进行财务和经济分析，以解决项目建设的经济合理性问题。

（2）项目的可行性研究报告应该涵盖（不限于）以下内容：

1）项目提出的背景、项目概况及投资的必要性。

2）产品需求、价格预测及市场风险分析。

3）资源条件评价（对资源开发项目而言）。

4）建设规模及产品方案的技术经济分析。

5）建厂条件与厂址方案。

6）技术方案、设备方案和工程方案。

7）原材料、燃料供应。

8）总图、运输与公共辅助工程。

9）节能、节水措施。

10）环境影响评价。

11）劳动安全卫生与消防措施。

12）组织机构与人力资源配置。

13）项目实施进度计划。

14）投资估算及融资方案。

15）财务评价和国民经济评价。

16）社会评价和风险分析。

17）研究结论与建议。

（3）可行性研究报告编制依据。

1）项目建议书（初步可行性研究报告）及其批复文件。

2）国家和地方的经济和社会发展规划，行业部门发展规划。

3）国家有关法律法规、政策。

4）对于大、中型骨干项目，必须具有国家批准的资源报告，国土开发整治规划、区域规划、江河流域规划、工业基地规划等有关文件。

5）有关机构发布的工程建设方面的标准、规范、定额。

6）合资、合作项目各方签订的协议书或意向书。

7）委托单位的委托合同。

8）经国家统一颁布的有关项目评价的基本参数和指标。

9）有关的基础数据。

（4）项目投资管理。根据《国务院关于投资体制改革的决定》（国发〔2004〕20 号），政府投资项目实行审批制；非政府投资项目实行核准制或备案制。建设项目投资决策（建议书、可行性研究报告）流程，如图 2-2 所示。

2.2.2　设计阶段

设计阶段一般可以分为两个阶段，即初步设计阶段与施工图设计阶段。建设项目设计阶段工作流程如图 2-3 所示。但对于某些大型的复杂项目，可以根据不同行业的特点及其需求，在初步设计阶段之后增加一个扩大初步设计阶段。

（1）初步设计阶段。初步设计是根据可行性研究报告的要求编制的具体实施方案，其目的是为了阐释清楚在指定的时间、地点和投资控制数额范围内，拟建项目在技术上的可行

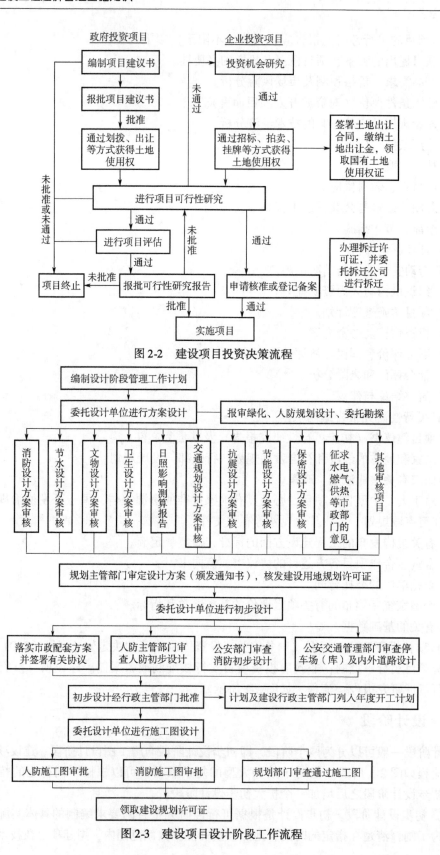

图 2-2　建设项目投资决策流程

图 2-3　建设项目设计阶段工作流程

性和经济上的合理性，并通过对工程项目所做出的基本技术经济规定，编制项目总概算。经审批的初步设计总概算是控制工程造价的依据。后期的施工图预算、工程决算不得超出、突破初步设计总概算。

初步设计不得随意改变被批准的可行性研究报告中所确定的建设规模、产品方案、工程标准、建设地址和总投资等控制目标等内容。如果初步设计提出的总概算超过可行性研究报告总投资的 10% 以上或者有其他主要指标需要变更的，应说明原因和计算依据，并重新向原审批单位报批可行性研究报告。初步设计经主管部门审批通过后，建设项目被列入国家固定资产投资计划，方可进行下一步的施工图设计工作。

（2）施工图设计阶段。施工图设计即指根据初步设计和更详细的调查研究资料进行设计的施工图，进一步地解决初步设计中提出的重大技术问题，如工艺流程、建筑结构、设备选型及其设备数量等问题，使工程项目的设计更加完善。

（3）施工图审查内容。施工图审查机构对施工图的审查内容有：

1）审查工程量。

2）审查设备、材料的预算价格。审查设备、材料的预算价格是否符合工程所在地的当地真实价格和当地价格水平。若是采用市场价，要核实其真实性、可靠性；若是采用有关部门公布的信息价，要注意信息价的时间、地点是否符合要求、是否要按规定调整等。

设备、材料的原价确定方法是否正确。定制加工的设备或材料在市场上通常没有价格参考，要通过计算确定其价格，因此，要审查价格确定方法是否正确，例如对于非标准设备，要对其原价的计价依据方法是否正确且合理进行审查。

设备、材料的运杂费费率及其运杂费的计算是否正确，预算价格的各项费用的计算是否符合规定、正确，引进设备、材料的从属费用计算是否合理正确。

3）审查预算单价的套用。预算中所列各分部（分项）工程预算单价是否与现行预算定额的预算单价相符，其名称、规格、计量单位和所包括的工程内容是否与设计中分部（分项）工程要求一致。

审查换算的单价，首先要审查换算的分项工程是否是定额中允许换算的，其次要审查换算是否正确。

审查补充定额和单位估价表的编制是否符合编制原则，单位估价表计算是否正确。补充定额和单位估价表是预算定额的重要补充，同时也是最容易产生偏差的地方，因此要加强其审查工作。

4）审查有关费用项目。措施费的计算是否符合有关的规定标准，间接费和利润的计取基础是否符合现行规定，有无不能作为计费基础的费用列入计费的基础。

预算外调增的材料差价是否计取了间接费。直接工程费或人工费增减后，有关费用是否做出了相应的调整。

2.2.3 招标投标阶段

《招标投标法》中指出，凡在中华人民共和国境内进行下列工程建设项目，包括项目的勘察、设计、施工、监理，以及与工程建设相关的重要设备、材料等的采购，必须进行招标。

（1）大型基础设施、公用事业等关系到社会公共利益、公众安全的项目。

（2）全部或者使用国有资金投资或者国家融资的项目。

（3）使用国际组织或者外国政府贷款、援助资金的项目。

招标投标基本流程如图 2-4 所示。

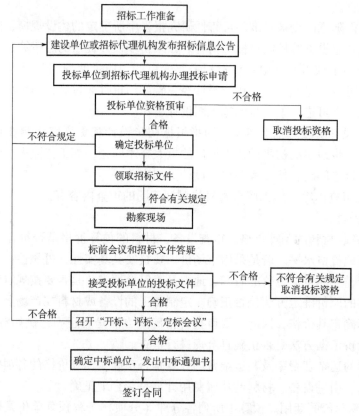

图 2-4　招标投标基本流程

1. 招标准备工作

（1）项目立项。

1）提交项目建议书。主要内容有：投资项目提出的必要性，拟建规模和建设地点的初步设想，资源情况、建设条件、协作关系的初步分析，投资估算和资金筹措设想，项目大体进度安排，经济效益和社会效益的初步评价等。

2）编制项目预可行性研究、可行性研究报告并提交。主要内容有：国家、地方相应政策，单位的现有建设条件及建设需求；项目实施的可行性及必要性；市场发展前景；技术上的可行性；财务分析的可行性；效益分析（经济、社会、环境）等。

（2）建设工程项目报建。招标人持立项等批文向工程交易中心的建设行政主管部门登记报建。

（3）建设单位招标资格。

1）有从事招标代理业务的营业场所和相应资金。

2）有能够编制招标文件和组织评标的相应专业力量。

3）如果没有资格自行组织招标的，招标人有权自行选择招标代理机构，委托其办理招标事宜。任何单位和个人不得以任何方式为招标人指定招标代理机构。

（4）办理交易证。招标人持报建登记表在工程交易中心办理交易登记。

2. 编制资格预审、招标文件

（1）编制资格预审文件。

资格预审文件内容：资格预审申请函、法定代表人身份证明、授权委托书、申请人基本情况表、近年财务状况表、近年完成的类似项目情况表、正在施工的和新承接的项目情况表、近年发生的诉讼及仲裁情况、其他材料。

（2）编制招标文件。

1）招标文件内容。

招标公告、投标邀请书、投标人须知、评标办法、合同条款及格式、工程量清单、图纸、技术标准及要求、投标文件格式。

2）编制招标文件注意事项。

①明确文件编号、项目名称及性质；②投标人资格要求；③发售文件时间；④提交投标文件方式、地点和截止时间。招标文件应明确投标文件所提交方式，能否邮寄，能否电传。投标文件应交到什么地方，在什么时间。

（3）投标文件的编制要求。投标文件的内容包括：投标函及投标函附录、法定代表人身份证明或授权委托书、投标保证金、已标价工程量清单、施工组织设计、项目管理机构、其他材料、资格审查资料。

（4）投标有效期。招标文件应当根据项目的情况明确投标有效期，不宜过长或过短。如遇特殊情况，即开标后由于某种原因无法定标，执行机构和采购人必须在原投标有效期截止前要求投标人延长有效期。这种要求与答复必须是以书面的形式提交。投标人可拒绝执行机构的这种要求，其保证金不会被没收。

（5）投标文件的密封递交。

（6）废标。凡出现下列情形者作废标处理：

1）投标文件送达时间已超过规定投标截止时间（公平、公正性）。

2）投标文件未按要求装订、密封。

3）未加盖投标人公章及法人代表、授权代表的印章，未提供法人代表授权书。

4）未提交投标保证金或金额不足，投标保证金形式不符合招标文件要求及保证金、汇出行与投标人开户行不一致的。

5）投标有效期不足的。

6）资格证明文件不全的。

7）超出经营范围投标的。

8）投标货物不是投标人自己生产的且未提供制造厂家的授权和证明文件的。

9）采用联合投标时，未提供联合各方的责任的义务证明文件的。

10）不满足技术规格中主要参数和超出偏差范围的等。

3. 发布资格预审公告

（1）编制资格预审公告内容包括：招标条件、项目概况与招标范围、资格预审、投标文件的递交、招标文件的获取、投标人资格要求等。

（2）发布资格预审公告的要求：资格预审公告应当在省级以上人民政府财政部门指定的媒体上发布。发布资格预审公告的内容应当包含采购人和采购项目名称、采购需求、对供应商的资格要求以及供应商提交资格预审申请文件的时间和地点。提交资格预审申请文件的时间自公告发布之日起不得少于 5 个工作日。

4. 资格预审

（1）出售资格预审文件。

（2）接受投标单位资格预审申请。

（3）对潜在投标人进行资格预审。

5. 发售招标文件及答疑、补遗

（1）出售招标文件。向资格审查合格的投标人出售招标文件、图纸、工程量清单等材料。自出售招标文件、图纸、工程量清单等资料之日起至停止出售之日止，为 5 个工作日。招标人应当给予投标人编制投标文件所需的合理时间，最短不得少于 20 日，一般为了保险，自招标文件发出之日起至提交投标文件截止之日止为 25 日。

（2）开标前工程项目现场勘察和标前会议。

（3）补遗招标人对以发出的招标文件进行必要的澄清或者修改的，应当在招标文件要求提交投标文件截止时间至少 15 日前，以书面形式通知投标人，解答的内容为招标文件组成部分。

6. 接受投标文件

接收投标人的投标文件及投标保证金，保证投标文件的密封性。

7. 抽取评标专家

在开标前两个小时内，在相应的专业专家库随机抽取评标专家，同时招标人派出代表（具有中级以上相应的专业职称）参与评标。

8. 开标

（1）时间、地点。时间为招标文件中载明的时间，地点为工程交易中心。

（2）参会人员签到。招标人、投标人，以及公证处、监督单位、纪检部门等与会人员签到。

（3）投标文件密封性检查。开标时，由投标人或者其推选的代表检查投标文件的密封情况，也可以由招标人委托的公证机构检查并公证。

（4）主持唱标。

（5）开标过程记录，并存档备查。

9. 投标文件评审

10. 定标

对评标结果在市工程交易中心网站进行公示，公示时间不得少于 3 个工作日。

11. 发出建设工程中标通知书

12. 签约前合同谈判及签约

（1）签约前合同谈判。在约定地点进行谈判，在谈判过程中要把主动权争取过来，不要过于保守或激进，注意肢体语言和语音、语调，正确驾驭谈判议程，站在对方的角度讲问题，贯彻"利他害他"原则。

（2）签约。招标人与中标人在中标通知书发出 30 个工作日之内签订合同，并交履约担保。

13. 退还投标保证金

招标人与中标人签订合同后 5 个工作日内，应当向中标人和未中标人的投标人退还投标保证金。

2.2.4 施工阶段

1. 建设准备阶段主要内容包括

组建项目法人；征地、拆迁、"三通一平"乃至"七通一平"（比三通一平多出了通固定电话、通有线、通宽带、通燃气）；组织材料、设备订货；办理建设工程质量监督手续；委托工程监理；准备必要的施工图；组织施工招标投标，择优选定施工单位；办理施工许可证等手续。

2. 建设实施阶段主要内容包括

建设工程具备了开工条件并取得施工许可证后方可开工，进入建设实施阶段。项目开工时间，应按设计文件中规定的任何一项永久性工程第一次正式破土开槽时间而定。不需开槽的以正式打桩时间作为开工时间，铁路、公路、水库等工程以开始进行土石方工程的时间作为正式开工时间。

3. 生产准备阶段主要内容包括

生产准备是项目投产前由建设单位进行的一项重要工作，是衔接建设与生产的桥梁，是项目由建设转到生产经营的必要条件。建设单位应适时组成专门班子或机构做好生产准备工作，确保项目建成后能及时投产。

对于生产性建设项目，在其竣工投产前，建设单位应适时地组织专门班子或机构，有计划地做好生产准备工作，包括：招收、培训生产人员；组织有关人员参加设备安装、调试、工程验收；落实原材料供应；组建生产管理机构，健全生产规章制度等。

4. 工程施工

工程施工指的是施工方对各种施工要素进行具体配置，将工程设计建造成为建筑实物的一个过程。也是投入劳动量最大的、所费时间最长的工作。管理水平的高低、工作质量的好坏对建设项目的质量和产生的效益起着重要的作用。

工程施工管理主要包括四个方面内容，即施工安全、施工调度、环境保护和文明施工。

施工安全指的是在施工活动中，对职工身体健康与安全、机械设备使用的安全及物资的安全等应有的保障制度和所应该采取的措施。根据相关规定，施工单位必须严格执行国家有关安全生产和劳动保护的法规，建立安全生产责任制，加强规范化管理，进行安全交底、安全教育和安全宣传，严格执行安全技术方案，定期检修、维修各种安全设施，做好施工现场的安全保卫工作，建立并执行防火管理制度，切实保障工程施工的安全。

施工调度指的是进行施工管理，掌握施工情况，及时处理施工中存在的问题，严格控制工程的施工质量、进度和成本的重要环节。施工单位的各级管理机构均应配备专职调度人员，建立和健全各级调度机构。

环境保护指的是施工单位必须遵守国家有关环境保护的法律法规，采取措施控制各种粉尘、废气、噪声等对环境的污染和危害。如不能控制在规定的范围内，则应事先报请有关部门批准。

文明施工指的是施工单位应推行现代管理方法，科学组织施工，保证施工活动整洁、有序、合理地进行。具体内容有：按施工总平面布置图设置各项临时设施，施工现场设置明显标牌，主要管理人员要佩带身份标志；机械操作人员要持证上岗；施工现场的用电线路、用电设施的安装使用和现场水源、道路的设置要符合规范要求等。

2.2.5 竣工验收阶段

工程项目按设计文件规定的内容与标准全部建成，并按规定将工程内、外全部清理完毕后称之为竣工。《建设项目（工程）竣工验收办法》中明确规定，凡新建、扩建、改建的基本建设项目（工程）和设计改造项目，按批准的设计文件所规定的内容建成，符合验收标准的必须及时进行组织验收，办理固定资产的移交手续。根据相关规定，交付竣工验收的工程需要满足的条件有：

（1）生产性项目和辅助公用设施已按设计要求建完，能满足生产要求。

（2）主要工艺设备已安装配套，经联动负荷试车合格，形成生产能力，能够生产出设计文件规定的产品。

（3）职工宿舍和其他必要的生产福利设施，能适应投产初期的需要。

（4）生产准备工作能适应投产初期的需要。

（5）环境保护设施、劳动安全卫生设施、消防设施已按设计要求与主体工程同时建成使用。

竣工验收也存在一些特殊情况。

（1）未全部按设计要求完成出现的特殊情况。

1）因少数非主要设备或某些特殊材料短期内不能解决，虽然工程内容尚未全部完成，但已可以投产或使用的工程项目。

2）规定要求的内容已完成，但因外部条件的制约，如流动资金不足、生产所需原材料不能满足等，而使已建工程不能投入使用的项目。

3）有些建设项目或单项工程，已形成部分生产能力，但在近期内不能按原设计规模续建，应从实际情况出发，经主管部门批准后，可缩小规模对已完成的工程和设备组织竣工验收，移交固定资产。

（2）分批分期验收。

1）工期较长、建设设备装置较多的大型工程，为了及时发挥其经济效益，对其能够独立生产的单项工程，可以根据建成时间的先后顺序，分期分批地组织竣工验收。

2）对能生产"中间产品"的一些单项工程，不能提前投料试车，可按生产要求与生产最终产品的工程同步建成竣工后，再进行全部验收。

建设工程经验收合格的，方可交付使用。建设单位应当严格按照国家有关档案管理的规定，及时收集、整理建设项目各环节的文件资料，建立、健全建设项目档案，并在建设工程竣工验收后，及时向建设行政主管部门或者其他有关部门移交建设项目档案。

2.2.6 项目后评价阶段

项目后评价是指在项目已经完成并运行一段时间后，对项目的目的、执行过程、效益、作用和影响进行系统的、客观的分析和总结的一种技术经济活动。项目后评价于 19 世纪 30 年代产生在美国，直到 20 世纪 60 年代，才广泛地被许多国家、地区和世界银行、亚洲银行等双边或多边援助组织用于世界范围的资助活动结果评价中。

项目后评价是工程项目实施阶段管理的延伸。工程项目竣工验收或通过销售交付使用，只是工程建设完成的标志，而不是工程项目管理的终结。工程项目建设和运营是否达到投资决策时所确定的目标，只有经过生产经营或销售取得实际投资效果后，才能进行正确的判断；也只有在这时，才能对工程项目进行总结和评估，才能综合反映工程项目建设和工程项目管理各环节工作的成效和存在的问题，并为以后改进工程项目管理、提高工程项目管理水平、制定科学的工程项目建设计划提供依据。

1. 项目后评价的基本内容

根据现代项目后评价理论，项目后评价的基本内容有：

（1）项目目标后评价。该项评价的任务是评定项目立项时各项预期目标的实现程度，并要对项目原定决策目标的正确性、合理性和实践性进行分析评价。

（2）项目效益后评价。项目的效益后评价即财务评价和经济评价。

（3）项目影响后评价。主要有经济影响后评价、环境影响后评价、社会影响后评价。

（4）项目持续性后评价。项目的持续性是指在项目的资金投入全部完成后，项目的既定目标是否还能继续，项目是否可以持续地发展下去，项目业主是否可能依靠自己的力量独立继续去实现既定目标，项目是否具有可重复性，即是否可在将来以同样的方式建设同类项目。

（5）项目管理后评价。项目管理后评价是以项目目标和效益后评价为基础，结合其他相关资料，对项目整个生命周期中各阶段管理工作进行评价。

2. 项目后评价的类型

根据评价时间不同，项目后评价又可以分为跟踪评价、实施效果评价和影响评价。

（1）项目跟踪评价是指项目开工以后到项目竣工验收之前任何一个时点所进行的评价，它又称为项目中间评价。

（2）项目实施效果评价是指项目竣工一段时间之后所进行的评价，就是通常所称的项目后评价。

（3）项目影响评价是指项目后评价报告完成一定时间之后所进行的评价，又称为项目效益评价。

从决策的需求角度，项目后评价也可分为宏观决策型后评价和微观决策型后评价。

（1）宏观决策型后评价指涉及国家、地区、行业发展战略的评价。

（2）微观决策型后评价指仅为某个项目组织、管理机构积累经验而进行的评价。

2.3 工程项目管理目标和内容

2.3.1 工程项目管理的目标

项目管理的目标包括：项目的投资目标、进度目标和质量目标。

投资目标指的是：项目的总投资目标。

进度目标指的是：项目动用的时间目标，也即项目交付使用的时间目标。

质量目标指的是：满足相应的技术规范和技术标准的规定，以及满足业主方相应的质量要求。

2.3.2 工程项目管理的内容

1. 业主方项目管理的内容

业主方的项目管理工作涉及项目实施阶段的全过程。其工作内容有：

（1）投资控制。

（2）进度控制。

（3）质量控制。

（4）安全管理。

（5）合同管理。

（6）信息管理。

（7）组织和协调。

安全管理是项目管理中最重要的任务。

2. 设计方项目管理的内容

设计方的项目管理工作主要在设计阶段进行，但也涉及设计前的准备阶段、施工阶段、动用前准备阶段和保修期。设计方项目管理的任务有：

（1）设计成本控制和与设计工作有关的工程造价控制。

（2）设计进度控制。

（3）设计质量控制。

（4）与设计工作有关的安全管理。

（5）设计合同管理。

（6）设计信息管理。

（7）与设计工作有关的组织和协调。

3. 供货方项目管理的内容

供货方项目管理工作主要在施工阶段进行，但也涉及设计准备阶段、设计阶段、动用前准备阶段和保修期。供货方项目管理的任务有：

（1）供货方的成本控制。

（2）供货的进度控制。

（3）供货的质量控制。

（4）供货安全管理。

（5）供货合同管理。

（6）供货信息管理。

（7）与供货有关的组织与协调。

2.4 工程项目实施模式

2.4.1 施工平行发承包模式

1. 施工平行发承包模式的含义

施工平行发承包，又称为分别发承包，指的是发包方根据建设项目工程的特点、项目的进展情况与控制目标的要求等因素，将建设工程项目按照一定的原则分解，将其施工任务分别发包给不同的施工单位，各个施工单位分别与发包方签订施工承包合同。

2. 施工平行发承包的特点

（1）费用控制。

1）对每一部分工程施工任务的发包，都以施工图设计为基础，投标人进行投标报价较有依据，工程的不确定性程度降低，对合同双方的风险也相对降低。

2）每一部分工程的施工，发包人都可以通过招标选择最满意的施工单位承包（价格低、进度快、信誉好、关系好），对降低工程造价有利。

3）对业主来说，要等最后一份合同签订后才知道整个工程的总造价，对投资的早期控制不利。

（2）进度控制。

1）某一部分施工图完成后，即可开始这部分工程的招标，开工日期提前，可以边设计边施工，缩短建设周期。

2）由于要进行多次招标，业主用于招标的时间较多。

3）施工总进度计划和控制由业主负责：由不同单位承包的各部分工程之间的进度计划及其实施的协调由业主负责。

（3）质量控制。

1）对某些工作而言，符合质量控制中的"他人控制"原则，不同分包单位之间能够形成一定的控制和制约机制，对业主的质量控制有利。

2）合同交互界面比较多，应非常重视各合同之间界面的定义，否则将会对项目的质量控制产生不利影响。

2.4.2　施工总承包模式

1. 施工总承包模式的含义

施工总承包，指的是发包方将全部施工任务发包给一个施工单位或是多个施工单位的施工联合体或施工合作体，施工总承包单位主要依靠自己的力量来完成施工任务。

2. 施工平行发承包的特点

（1）费用控制。

1）在通过招标投标选择施工总承包单位时，一般都以施工图设计为投标价的基础，投标人的投标报价较有依据。

2）在开工前就能给出较为明确的合同价格，有利于业主对总造价的早期控制。

3）如果在施工过程中发生了设计变更，则可能发生索赔。

（2）进度控制。

1）一般要等施工图设计全部结束后，才能进行施工总承包的招标，开工日期较迟，建设周期势必较长，对项目总进度控制不利。

2）施工总进度计划的编制、控制和协调由施工总承包单位负责，而项目总进度计划的编制、控制和协调，以及设计、施工、供货之间的进度计划协调则由业主负责。

3. 质量控制

项目质量的好坏，很大程度上取决于施工总承包单位的选择，取决于施工总承包单位的管理水平和技术水平。这样业主对施工总承包单位的依赖较大。

4. 合同管理

业主只需要进行一次招标，与一个施工总承包单位签约，招标及合同管理工作量在很大程度上减小，这样对业主有利。

5. 组织与协调

业主只负责对施工总承包单位的管理及组织协调，工作量减小，这样对业主比较有利。

2.4.3 施工总承包管理模式

1. 施工总承包管理模式的含义

采用施工总承包管理模式时，业主与某个有丰富施工管理经验的单位或者多个单位组成的联合体或合作体签订施工总承包管理协议，由其负责整个项目的施工组织与管理。

一般情况下，施工总承包管理单位不参与具体工程的施工，而具体工程的施工需要进行分包单位的招标与发包，把具体工程的施工任务分包给分包商来进行完成。但有时也会存在另一种情况，即施工总承包管理单位也想承担部分具体工程的施工，这时其也可以参加这一部分工程的投标，通过竞争取得任务。

2. 施工总承包管理模式与施工总承包模式的比较

施工总承包管理模式与施工总承包模式不同，其差异见表2-1。

表2-1 施工总承包管理模式与施工总承包模式的区别

项　目	施工总承包模式	施工总承包管理模式
工作开展程序	先进行建设项目的设计，待施工图设计结束后再进行施工总承包招标投标，然后再进行施工	招标可以不依赖完整的施工图进行，当完成一部分施工图就可对其进行招标
合同关系	由施工总承包单位与分包单位直接签订合同	业主与分包单位直接签订合同或者由施工总承包管理单位与分包单位签订合同
分包单位的选择和认可	分包单位由施工总承包单位选择，由业主方认可	一般情况下，分包合同由业主与分包单位直接签订，但要经过施工总承包管理单位的认可
对分包单位的付款	一般由施工总承包单位负责支付	可以通过施工总承包管理单位支付；也可以由业主直接支付（需要经过施工总承包管理单位的认可）
对分包单位的管理和服务	施工总承包管理单位和施工总承包单位一样，既要负责对现场施工的总体管理和协调，也要负责向分包人提供相应的配合施工的服务	

第3章 工程造价构成

3.1 建设项目总投资与工程造价

3.1.1 建设项目总投资的概念

建设项目总投资是指为完成工程项目建设并达到使用要求或生产条件,在建设期内预计或实际投入的总费用,包括工程造价、增值税、资金筹措费和流动资金。

工程造价是指工程项目在建设期预计或实际支出的建设费用,包括工程费用、工程建设其他费用和预备费。

增值税是指应计入建设项目总投资内的增值税额。

资金筹措费是指在建设期内应计的利息和在建设期内为筹集项目资金发生的费用。包括各类借款利息、债券利息、贷款评估费、国外借款手续费及承诺费、汇兑损益、债券发行费用及其他债务利息支出或融资费用。

流动资金是指运营期内长期占用并周转使用的营运资金,不包括运营中需要的临时性营运资金。

3.1.2 建设项目总投资的分类

工程建设总投资分为建设投资和流动资金投资两大类。

1. 建设投资

建设投资是形成企业固定资产、无形资产和其他资产的投资以及预备费用之和。

(1) 固定资产投资。固定资产是指使用期限较长(一般在一年以上),单位价值在规定标准以上,在生产过程中为多个生产周期服务,在使用过程中保持原来的物质形态的资产,包括房屋及建筑物、机器设备、运输设备、工具器具等。投资者如果用现有的固定资产作为投入的,按照评估确认或者合同、协议约定的价值作为投资。如果采用融资租赁方式,需按照租赁协议或者合同确定的价款加运输费、保险费、安装调试费等计算其投资。耕地占用税也应算作固定资产投资的组成部分。

(2) 无形资产投资。无形资产投资指的是无形资产的获取费用。无形资产指企业长期使用,能为企业提供某些权利或利益但不具有实物形态的资产。例如专利权、商标权、著作权、土地使用权、非专利技术、版权、商誉等。

(3) 其他资产投资。其他资产投资是指除了流动资产、固定资产、无形资产以外的其他费用。按照国家规定,除购置和建造固定资产以外,所有筹建期间所发生的费用,先在长期待摊费用中归集,待企业开始生产经营起计入当期的损益。包括开办费(筹建期间的人员工资、办公费、培训费、差旅费、印刷费、注册登记费等)、租入固定资产的改良支出等。

(4) 建设期利息与汇兑损益。如果建设投资所使用的资金中含有借款或涉及外汇使用，则建设期的借款利息以及汇兑损益也应计入总投资。

(5) 预备费用。预备费用包括基本预备费和涨价预备费。预备费用主要用于投资过程中因不确定因素的出现而造成的投资额的增加。

工程项目建成后，建设投资转化为各类资产。在会计核算中，购建固定资产的实际支出(包括建设期借款利息、汇兑损益、固定资产投资方向调节税、耕地占用税等)即为固定资产的原始价值，简称为固定资产原值。获取无形资产的实际支出即为无形资产原值。在项目筹建期内，实际发生的各项费用，除应计入固定资产和无形资产价值者外，均视为其他资产。

工程项目建成后，通过会计核算，确定由建设投资形成的三种资产原值。在建设项目建成时核定的固定资产价值称为固定资产原值，主要包括工程费用(包括设备购置费、安装工程费、建筑工程费，以及工具、器具费)、待摊投资、预备费和建设期利息。

固定资产在使用过程中逐渐磨损和贬值，其价值逐步转移到产品中，转移价值以折旧的形式计入产品成本，并通过产品销售以货币的形式回到投资者手中。折旧是对固定资产磨损的价值损耗的补偿，固定资产使用过一段时间后，其原值扣除累计的折旧额称为当时固定资产净值。工程项目寿命期结束时，固定资产的残余价值称为期末残值。从原理上讲，对投资者来说，固定资产期末残值是一项在期末可回收的现金流入。

与固定资产类似，无形资产通常也有一定的有效服务期，无形资产的价值也要在服务期内逐渐转移到产品价值中去。无形资产的价值转移是以无形资产在有效服务期内逐年摊销的形式体现的。其他资产也应在项目投入运营后的一定年限(通常不低于5年)内平均摊销。无形资产和其他资产的摊销费均计入产品成本。

2. 流动资金投资

流动资金投资指的是维持一定规模生产所占用的全部周转资金。当项目寿命期结束，流动资金成为企业的一项可回收的现金流入。流动资金通常情况下是在工业项目投产前预先垫付，在投产后的生产经营过程中，用于购买原材料、燃料动力、备品备件，以及支付工资、用于其他费用和被在产品、半产品、成品和其他存货占用的周转资金。在产品经营活动中，流动资金以现金及各种存款、存货、应收及预付款等物流资产的形态出现。流动负债的构成要素一般包括应付账款和预收账款。

流动资产可以按照下式进行计算：

$$流动资产 = 流动资金 + 流动负债 \tag{3-1}$$

流动资产通常是在一年内或超过一年的一个营业周期内变现耗用的资产。

3.1.3 工程造价的含义及特点

1. 工程造价的含义

工程造价通常是指用作建设项目或实际支出的费用，工程造价有下述两种含义。

(1) 从投资者(业主)的角度分析，工程造价是指建设一项工程预期开支或实际开支的全部资产投资费用。投资者为了获得投资项目的预期效益，需要对项目进行策划决策及建设实施，直至竣工验收等一系列投资管理活动。在上述活动中所花费的全部费用就构成了工程造价。从这个意义上讲，建设工程造价就是建设工程项目固定资产总投资。

（2）从市场交易的角度分析，工程造价是指为建成一项工程，预计或实际在工程发承包交易活动中所形成的建筑安装工程费用或建设工程总费用。显然，工程造价的这种含义是指以建设工程这种特定的商品形式作为交易对象，通过招标投标或其他交易方式，在进行多次预估的基础上，最终由市场形成的价格，即通常所说的工程发承包价格。这里指的"工程"，既可以是涵盖范围很大的一个建设工程项目，也可以是其中的一个单项工程或单位工程，甚至可以是整个建设工程中的某个阶段，如建筑安装工程、装饰装修工程或者其中的某个组成部分。

由上可知，工程造价的两种含义是从不同角度把握同一种事物的本质。对建设工程投资者来说，市场经济条件下的工程造价就是项目投资，是"购买"项目要付出的价格；对承包商、供应商，以及规划、设计等机构来说，工程价格是他们作为市场供给主体出售的商品及劳务的价格总和，或者是特指范围的工程造价，如建筑安装工程造价。

2. 工程造价的特点

（1）大额性。建设工程项目体积庞大，且消耗的资源巨大，因此。一个项目少则几百万元，多则数亿元甚至数百亿元。工程造价的大额性，一方面事关重大经济利益；另一方面也使工程承受了重大的经济风险；同时，也会对宏观经济的运行产生重大的影响。

（2）单件性。每个建设工程项目都有特定的目的和用途，具有不同的结构、造型和装饰，产生不同的建筑面积和体积，建设施工时还可以采用不同的工艺设备、建筑材料和施工工艺方案。因此，每个建设项目一般只能单独设计、单独建设、单独计价。即使是相同用途和相同规模的同类建设项目，由于技术水平、建筑等级和建筑标准的差别，以及地区条件和自然环境与风俗习惯的不同也会有很大区别，最终导致工程造价的千差万别。因此，对于建设工程既不能像工业产品那样按品种、规格和质量成批制定价格，也不能由国家、地方、企业规定统一的计价，只能按各个项目规定的建设程序计算工程造价。

（3）动态性。工程项目从决策到竣工验收直到交付使用，通常会有较长的建设周期，而且由于来自社会和自然的众多不可控因素的影响，必然会导致工程造价的变动。例如，物价变化、不利的自然条件、人为因素等均会影响工程造价。因此，工程造价在整个建设期内都处在一种不确定的状态之中，直到竣工结算才能最终确定工程的实际造价。

（4）多次性。建设工程的生产过程是一个周期长、规模大、造价高、物耗多的投资生产活动，具体按照规定的建设程序分阶段进行建设，才能按时、保质、有效地完成建设项目。为了适应项目管理的要求，适应工程造价控制和管理的要求，需要按照建设程序中各个规划设计和建设阶段多次性进行计价。从投资估算、设计概算、施工图预算等预期造价到承包合同价、结算价和最后的竣工决算价等实际造价，是一个由粗到细，由浅入深，最后确定建设工程实际造价的计价过程。

3.1.4 工程造价的计价特征

1. 计价的单件性

建筑产品的单件性特点决定了每项工程都必须单独计算造价。

2. 计价的多次性

建设工程的多次性计价是个逐步深化、逐步细化和逐步接近实际造价的过程。

（1）投资估算，是进行决策、筹集资金和合理控制造价的主要依据。

（2）工程概算，一般又可分为：建设项目概算总造价、各个单项工程概算综合造价、各单位工程概算造价。

（3）修正概算，是对初步设计阶段的概算造价的修正和调整，比概算造价准确，但受概算造价控制。

（4）预算造价，比概算造价或修正概算造价更为详尽和准确，但同样要受前一阶段工程造价的控制。

（5）合同价。合同价指的是在工程发、承包阶段通过签订总承包合同、建筑安装工程承包合同、设备材料采购合同，以及技术和咨询服务合同所确定的价格。合同价属于市场价格，它是由发承包双方根据市场行情通过招标投标等方式达成一致、共同认可的成交价格。

（6）结算价，是指在工程施工和竣工验收阶段，按合同调价范围和调价方法，对实际发生的工程量增减、设备和材料价差等进行调整后计算和确定得来的价格，反映的是工程项目实际造价，一般由承包单位编制，由发包单位审查。

（7）竣工决算，是指综合反映竣工项目从筹建开始到项目竣工交付使用为止的全部建设费用，竣工决算文件一般是由建设单位编制，上报相关主管部门审查。

3. 组合性

工程造价的计算是分布组合而成的，这一特征与建设项目的组合性有关。一个建设项目是一个综合体，可以分解为许多拥有内在联系的工程。建设项目的组合性决定了工程造价是一个逐步确定、组合确定的过程。工程造价的计算过程是：分部（分项）工程单价→单位工程造价→单项工程造价→建设项目总造价。

4. 多样性

工程的多次计价遵循不同的计价依据，计价的过程是逐步深化、逐步细化的，因此决定了工程计价方法的多样性。例如，投资估算的方法有设备系数法和生产能力指数估算法等；计算概（预）算造价的方法有单价法和实物法等。不同条件下适合使用不同方法，计价时应该根据具体情况加以选择。

5. 复杂性

能够影响造价的因素有很多，这决定了计价依据的复杂性。工程计价的依据可以分为以下七类。

（1）设备和工程量计算依据，包括项目建议书、可行性研究报告、设计文件等。

（2）人工、材料、机械等实物消耗量的计算依据，包括投资估算指标、概算定额、预算定额等。

（3）设备单价的计算依据，包括设备原价、设备运杂费、进口设备关税等。

（4）计算工程单价的价格依据，包括人工单价、材料价格、材料运杂费、机械台班费等费用。

（5）措施费、间接费和工程建设其他费用的计算依据，主要是相关的费用定额和指标。

（6）政府规定的税费。

（7）物价指数和工程造价指数。

3.2　建筑安装工程费

3.2.1　建筑安装工程费用组成

　　工程造价管理机构或工程预算职能部门在计算工程造价，编制工程预算、结算以及决算时，要依照《建筑安装工程费用项目组成》所规定的要求执行，对工程费用进行分类核算，并按分类项目计算工程预算的成本。工程费用之和组成了工程的总造价，是建设方与承建方进行结算的主要依据。

　　建筑安装工程费用的具体组成部分，包括直接费、间接费、利润和税金（增值税）。

　　（1）直接费，由直接工程费与措施费组成。

　　（2）间接费，由规费、企业管理费组成。

　　（3）利润，是指建筑施工企业完成所承包工程获得的盈利。

　　（4）税金，建筑安装工程费用的税金是指依照国家税法规定应计入建筑安装工程造价内的增值税销项税额，按税前造价乘以增值税税率确定。增值税是以商品（含应税劳务）在流转过程中产生的增值额作为计税依据而征收的一种流转税。从计税原理上说，增值税是对商品生产、流通、劳务服务中多个环节的新增价值或商品的附加值征收的一种流转税。根据财政部、国家税务总局《关于全面推开营业税改征增值税试点的通知》（财税〔2016〕36号）要求，建筑业自 2016 年 5 月 1 日起纳入营业税改征增值税试点范围（简称"营改增"）。建筑业"营改增"后，工程造价按"价税分离"计价规则计算，具体要素价格适用增值税税率执行财税部门的相关规定。税前工程造价为人工费、材料费、施工机具使用费、企业管理费、利润与规费之和。

3.2.2　建筑安装工程费用项目组成（按费用构成要素划分）

　　按照费用构成要素划分建筑安装工程费用项目，建筑安装工程费用由人工费、材料费、施工机具使用费、企业管理费、利润、规费和税金组成。其中，人工费、材料费、施工机具使用费、企业管理费和利润包含在分部（分项）工程费、措施项目费、其他项目费中。

　　（1）人工费。是指按工资总额构成规定，支付给从事建筑安装工程施工的生产工人和附属生产单位工人的各项费用。

　　人工费具体包括：

　　1）计时工资或计件工资，是指按计时工资标准和工作时间或对已做工作计件单价支付给个人的劳动报酬。

　　2）奖金，是指对超额劳动和"增收、节支"支付给个人的劳动报酬，例如节约奖、劳动竞赛奖等。

　　3）津贴、补贴，是指为了补偿职工特殊或额外的劳动消耗和因其他特殊原因支付给个人的津贴，以及为了保证职工工资水平不受物价影响支付给个人的物价补贴，例如流动施工津贴、特殊地区施工津贴、高温（寒）作业临时津贴、高空津贴等。

　　4）加班加点工资，是指按规定支付的在法定节假日工作的加班工资和在法定日工作时间外延时工作的加点工资。

5）特殊情况下支付的工资，是指根据国家法律法规和政策规定，因病、工伤、产假、计划生育假、婚丧假、事假、探亲假、定期休假、停工学习、执行国家或社会义务等原因按计时工资标准或计时工资标准的一定比例支付的工资。

（2）材料费。是指在施工过程中耗费的原材料、辅助材料、构配件、零件、半成品或成品、工程设备的费用。材料费具体内容包括：

1）材料原价，是指材料、工程设备的出厂价格或商家供应价格。

2）运杂费，是指材料、工程设备自来源地运至工地仓库或指定堆放地点所发生的全部费用。

3）运输损耗费，是指材料在运输装卸过程中不可避免的损耗。

4）采购及保管费，是指为组织采购、供应和保管材料、工程设备的过程中所需要的各项费用，包括采购费、仓储费、工地保管费、仓储损耗。

（3）施工机械使用费。以施工机械台班耗用量乘以施工机械台班单价来表示，施工机械台班单价应由下列七项费用组成：

1）折旧费，是指施工机械在规定的使用年限内，陆续收回其原值的费用。

2）大修理费，是指施工机械按规定的大修理间隔台班进行必要的大修理，以恢复其正常功能所需的费用。

3）经常修理费，是指施工机械除大修理以外的各级保养和临时故障排除所需的费用，包括为保障机械正常运转所需替换设备与随机配备工具、附具的摊销和维护费用，机械运转中日常保养所需润滑与擦拭的材料费用及机械停滞期间的维护和保养费用等。

4）安拆费及场外运费，安拆费是指施工机械（大型机械除外）在现场进行安装与拆卸所需的人工、材料、机械和试运转费用以及机械辅助设施的折旧、搭设、拆除等费用；场外运费是指施工机械整体或分体自停放地点运至施工现场或由一施工地点运至另一施工地点的运输、装卸、辅助材料及架线等费用。

5）人工费，是指机上司机（司炉）和其他操作人员的人工费。

6）燃料动力费，是指施工机械在运转作业中所消耗的各种燃料及水、电等费用。

7）税费，是指施工机械按照国家规定应缴纳的车船使用税、保险费及年检费等。

（4）企业管理费。是指建筑安装企业组织施工和经营管理所需要的费用。企业管理费的主要内容有：

1）管理人员工资，是指按规定支付给管理人员的计时工资、奖金、津贴补贴、加班加点工资及特殊情况下支付的工资等。

2）办公费，是指企业管理办公用的文具、纸张、账表、印刷、邮电、书报、办公软件、现场监控、会议、水电、烧水和集体取暖降温（包括现场临时宿舍取暖降温）等费用。

3）差旅交通费，是指职工因公出差、调动工作的差旅费、住勤补助费、市内交通费和误餐补助费，以及职工探亲路费，劳动力招募费，职工退休、退职一次性路费，工伤人员就医路费，工地转移费及管理部门使用的交通工具的油料、燃料等费用。

4）固定资产使用费，是指管理和试验部门及附属生产单位使用的属于固定资产的房屋、设备、仪器等的折旧、大修、维修或租赁费。

5）工具、用具使用费，是指企业施工生产和管理使用的不属于固定资产的工具、器具、家具、交通工具和检验、试验、测绘、消防用具等的购置、维修和摊销费。

6）劳动保险和职工福利费，是指由企业支付的职工退职金、按规定支付给离休干部的经费，集体福利费，夏季防暑降温、冬季取暖补贴，上下班交通补贴等。

7）劳动保护费，是企业按规定发放的劳动保护用品的支出，如工作服、手套、防暑降温饮料以及在有碍身体健康的环境中施工的保健费用等。

8）检验、试验费，是指施工企业按照有关标准规定，对建筑以及材料、构件和建筑安装物进行一般鉴定、检查所发生的费用，包括自设实验室进行试验所耗用的材料等费用。不包括新结构、新材料的试验费，对构件做破坏性试验及其他特殊要求检验、试验的费用和建设单位委托检测机构进行检测的费用。对此类检测发生的费用，由建设单位在工程建设其他费用中列支，但对施工企业提供的具有合格证明的材料进行检测其结果不合格的，该检测费用由施工企业支付。

9）工会经费，是指企业按我国《工会法》规定的全部职工工资总额比例计提的工会经费。

10）职工教育经费，是指按职工工资总额的规定比例计提，企业为职工进行专业技术和职业技能培训，专业技术人员继续教育、职工职业技能鉴定、职业资格认定以及根据需要对职工进行各类文化教育所发生的费用。

11）财产保险费，是指施工管理用财产、车辆等的保险费用。

12）财务费，是指企业为施工生产筹集资金或提供预付款担保、履约担保、职工工资支付担保等所发生的各种费用。

13）税金，是指企业按规定缴纳的房产税、车船使用税、土地使用税、印花税等。

14）其他，包括技术转让费、技术开发费、投标费、业务招待费、绿化费、广告费、公证费、法律顾问费、审计费、咨询费、保险费等。

（5）利润。是指施工企业完成所承包工程项目所获得的盈利。

（6）规费。是指按国家法律法规所规定的，由省级政府和省级有关权力部门规定的必须缴纳的或计取的费用。规费具体内容包括：

1）养老保险费，是指企业按照规定标准为职工缴纳的基本养老保险费。

2）失业保险费，是指企业按照规定标准为职工缴纳的失业保险费。

3）医疗保险费，是指企业按照规定标准为职工缴纳的基本医疗保险费。

4）生育保险费，是指企业按照规定标准为职工缴纳的生育保险费。

5）工伤保险费，是指企业按照规定标准为职工缴纳的工伤保险费。

6）住房公积金，是指企业按照规定标准为职工缴纳的住房公积金。

7）工程排污费，是指按规定缴纳的施工现场工程排污费。

（7）税金（增值税）

1）一般计税方法。

一般计税方法的应纳税额，是指当期销项税额抵扣当期进项税额后的余额，应纳税额计算公式为

$$应纳税额 = 当期销项税额 - 当期进项税额$$

①销项税额。销项税额是指纳税人发生应税行为按照销售额和增值税税率计算并收取的增值税额。销项税额计算公式为

$$销项税额 = 销售额 \times 税率$$

②进项税额。进项税额是指纳税人购进货物、加工修理修配劳务、服务、无形资产或者不动产，支付或者负担的增值税额。

下列进项税额准予从销项税额中抵扣：

a. 从销售方取得的增值税专用发票上注明的增值税额。

b. 从海关取得的海关进口增值税专用缴款书上注明的增值税额。

c. 购进农产品，除取得增值税专用发票或者海关进口增值税专用缴款书外，按照农产品收购发票或者销售发票上注明的农产品买价和13%的扣除率计算的进项税额。计算公式为

$$进项税额 = 买价 \times 扣除率$$

d. 从境外单位或者个人购进服务、无形资产或者不动产，自税务机关或者扣缴义务人取得的解缴税款的完税凭证上注明的增值税额。

③采用一般计税方法时增值税的计算。当采用一般计税方法时，建筑业增值税税率为9%。计算公式为

$$增值税 = 税前造价 \times 9\%$$

税前造价为人工费、材料费、施工机具使用费、企业管理费、利润和规费之和，各费用项目均以不包含增值税可抵扣进项税额的价格计算。

2）简易计税方法

①简易计税的适用范围。根据《营业税改征增值税试点实施办法》以及《营业税改征增值税试点有关事项的规定》，简易计税方法主要适用于以下几种情况：

a. 小规模纳税人发生应税行为适用简易计税方法计税。小规模纳税人通常是指纳税人提供建筑服务的年应征增值税销售额未超过500万元，并且会计核算不健全，不能按规定报送有关税务资料的增值税纳税人。年应征增值税销售额超过500万元，但不经常发生应税行为的单位也可选择按照小规模纳税人计税。

b. 一般纳税人以清包工方式提供的建筑服务，可以选择适用简易计税方法计税。以清包工方式提供建筑服务，是指施工方不采购建筑工程所需的材料或只采购辅助材料，并收取人工费、管理费或者其他费用的建筑服务。

c. 一般纳税人为甲供工程提供的建筑服务，可以选择适用简易计税方法计税。甲供工程，是指全部或部分设备、材料、动力由工程发包方自行采购的建筑工程。

d. 一般纳税人为建筑工程老项目提供的建筑服务，可以选择适用简易计税方法计税。建筑工程老项目有：

《建筑工程施工许可证》注明的合同开工日期在2016年4月30日前的建筑工程项目。

未取得《建筑工程施工许可证》的，建筑工程承包合同注明的开工日期在2016年4月30日前的建筑工程项目。

②简易计税方法的应纳税额。应纳税额，是指按照销售额和增值税征收率计算的增值税额，不得抵扣进项税额。应纳税额计算公式为

$$应纳税额 = 销售额 \times 征收率$$

③采用简易计税方法时增值税的计算。当采用简易计税方法时，建筑业增值税税率为3%，计算公式为

$$增值税 = 税前造价 \times 3\%$$

税前造价为人工费、材料费、施工机具使用费、企业管理费、利润和规费之和，各项目费用均以包含增值税进项税额的含税价格计算。

3.2.3　建筑安装工程费用项目组成（按造价形成划分）

建筑安装工程费用项目组成按造价形成划分可分为：分部（分项）工程费、措施项目费、其他项目费、规费、税金，分部（分项）工程费、措施项目费、其他项目费包括人工费、材料费、施工机具使用费、企业管理费和利润。

1. 分部（分项）工程费的组成

房屋建筑与装饰工程、仿古建筑工程、通用安装工程、市政工程、园林绿化工程、矿山工程、构筑物工程、城市轨道交通工程、爆破工程。

2. 措施项目费的组成

安全文明施工费、夜间施工增加费、二次搬运费、冬期施工增加费、雨期施工增加费、已完工工程及设备保护费、工程定位复测费、特殊地区施工增加费、大型机械进出场及安拆费、脚手架工程费。

1）环境保护费，是指施工现场为达到环保部门要求所需要的各项费用。

2）文明施工费，是指施工现场文明施工所需要的各项费用。

3）安全施工费，是指施工现场安全施工所需要的各项费用。

4）临时设施费，是指施工企业为进行建设工程施工所必须搭设的生活和生产用的临时建筑物、构筑物和其他临时设施费用。包括临时设施的搭设、维修、拆除、清理费或摊销费等。

5）夜间施工增加费，是指因夜间施工所发生的夜班补助费、夜间施工降效、夜间施工照明设备摊销及照明用电等费用。

6）二次搬运费，是指因施工场地条件限制而发生的材料、构配件、半成品等一次运输不能到达堆放地点，必须进行二次或多次搬运所发生的费用。

7）冬、雨期施工增加费，是指在冬、雨期施工需增加的临时设施、防滑、排除雨雪，人工及施工机械效率降低等费用。

8）已完工程及设备保护费，是指竣工验收前，对已完工程及设备采取的必要保护措施所发生的费用。

9）工程定位复测费，是指在工程施工过程中进行全部施工测量放线和复测工作的费用。

10）特殊地区施工增加费，是指工程在沙漠或其边缘地区，以及高海拔、高寒、原始森林等特殊地区施工增加的费用。

11）大型机械设备进出场及安拆费，是指机械整体或分体自停放场地运至施工现场或由一个施工地点运至另一个施工地点，所发生的机械进出场运输及转移费用，以及机械在施工现场进行安装、拆卸所需的人工费、材料费、机械费、试运转费和安装所需的辅助设施的费用。

12）脚手架工程费，是指施工需要的各种脚手架搭、拆、运输费用，以及脚手架购置费的摊销（或租赁）费用。

3. 其他项目费的组成

暂列金额、计日工、总承包服务费。

1）暂列金额，是指建设单位在工程量清单中暂定并包括在工程合同价款中的一笔款项。用于施工合同签订时尚未确定或者不可预见的所需材料、工程设备、服务的采购，施工中可能发生的工程变更、合同约定调整因素出现时的工程价款调整以及发生的索赔、现场签证确认等的费用。

2）计日工，是指在施工过程中，承包人完成发包人提出的工程合同范围以外的零星项目或工作所需的费用。

3）总承包服务费，是指总承包人为配合、协调发包人进行的专业工程发包，对发包人自行采购的材料、工程设备等进行保管以及施工现场管理、竣工资料汇总整理等服务所需的费用。

3.3　设备及工具、器具购置费用

3.3.1　设备购置费的构成和计算

1. 国内设备购置费

（1）国内设备购置费的组成。对于已经形成产品系列、可以批量生产的标准设备，它常采用设备制造厂的交货价，即出厂价；如由设备成套公司供应时，则采用订货合同价。而且，一般应按带有备件的出厂价计算。

对于没有形成产品系列、需要按照用户的要求逐件加工制造的非标准设备，它有成本计算估价法、系列设备插入估价法、分部组合估价法、定额估价法等多种不同的计算方法。

（2）国内设备购置费的计算。

$$设备购置费 = 设备原价 + 设备运杂费 \tag{3-2}$$

1）标准设备原价：是指国产标准设备、非标准设备的原价。

2）设备运杂费：是指设备原价中未包括的包装和包装材料费、运输费、装卸费、采购费和仓库的保管费，以及供销部门手续费等。

2. 进口设备购置费。

（1）进口设备购置费的组成。进口设备的原价是指进口设备的抵岸价，即设备抵达买方边境、港口或车站，缴纳完各种手续费、税费后形成的价格。通常是由进口设备到岸价（CIF）和进口从属费构成。

1）进口设备到岸价。

$$进口设备到岸价（CIF） = 离岸价格（FOB） + 国际运费 + 运输保险费$$
$$= 运费在内价（CFR） + 运输保险费 \tag{3-3}$$

设备货价分为原币货价和人民币货价，原币货价一律折算为美元，人民币货价按原币货价乘以外汇市场美元兑换人民币汇率中间价确定。

$$国际运费（海、陆、空） = 原币货价（FOB） \times 运费率 \tag{3-4}$$
$$国际运费（海、陆、空） = 单位运费 \times 运量 \tag{3-5}$$

运输保险费 = （原币货价（FOB）+ 国际运费）/1 - 保险费率 × 保险费率　　（3-6）

2）进口从属费。

进口从属费 = 银行财务费 + 外贸手续费 + 关税 + 消费税 +

进口环节增值税 + 车辆购置税　　（3-7）

银行财务费 = 离岸价格（FOB）× 人民币外汇汇率 × 银行财务费率　　（3-8）

外贸手续费 = 到岸价格（CIF）× 人民币外汇汇率 × 外贸手续费率　　（3-9）

式中，外贸手续费率一般取 1.5%。

关税 = 到岸价格（CIF）× 人民币外汇汇率 × 进口关税税率　　（3-10）

到岸价格作为关税的计征基数时，通常又可称为关税完税价格。

消费税 = （到岸价格 × 人民币外汇汇率 + 关税）/1 - 消费税税率 × 消费税税率　　（3-11）

增值税 = （关税完税价格 + 关税 + 消费税）× 增值税税率　　（3-12）

车辆购置税 = （关税完税价格 + 关税 + 消费税）× 车辆购置税税率　　（3-13）

3.3.2 工具、器具及生产家具购置费的构成与计算

工具、器具及生产家具购置费，是指新建或扩建项目初步设计规定的，保证初期正常生产必须购置的没有达到固定资产标准的设备、仪器、工卡模具、器具、生产家具和备品备件等的购置费用。一般以设备购置费为计算基数，乘以相应的费率计算。

工具、器具及生产家具购置费的一般计算公式为

工具、器具及生产家具购置费 = 设备购置费 × 定额费率　　（3-14）

3.4 工程建设其他费用

3.4.1 建设用地费

1. 农用土地征用费

农用土地征用费由土地补偿费、安置补助费、土地投资补偿费、土地管理费、耕地占用税等组成，并按被征用土地的原用途给予补偿。

征用耕地的补偿费用包括土地补偿费、安置补助费及地上附着物和青苗的补偿费。

（1）征用耕地的土地补偿费，为该耕地被征用前三年平均年产值的 6~10 倍。

（2）征用耕地的安置补助费，按照需要安置的农业人口数计算。需要安置的农业人口数，按照被征用的耕地数量除以征地前被征用单位平均每人占有耕地的数量计算。每一个需要安置的农业人口的安置补助费标准，为该耕地被征用前三年平均年产值的 4~6 倍。但是，每公顷被征用耕地的安置补助费，最高不得超过被征用前三年平均年产值的 15 倍。征用其他土地的土地补偿费和安置补助费标准，由省、自治区、直辖市参照征用耕地的土地补偿费和安置补助费的标准规定。

（3）征用土地上的附着物和青苗的补偿标准，由省、自治区、直辖市规定。

（4）征用城市郊区的菜地，用地单位应当按照国家有关规定缴纳新菜地开发建设基金。

2. 取得国有土地使用费

取得国有土地使用费包括：土地使用权出让金、城市建设配套费、房屋征收与补偿费等。

（1）土地使用权出让金是指建设工程通过土地使用权出让方式，取得有限期的土地使用权，依照《中华人民共和国城镇国有土地使用权出让和转让暂行条例》规定支付的费用。

（2）城市建设配套费是指因进行城市公共设施的建设而分摊的费用。

（3）房屋征收与补偿费。因房屋征收而对被征收人给予的补偿包括：

1）被征收房屋价值的补偿。

2）因征收房屋造成的搬迁、临时安置的补偿。

3）因征收房屋造成的停产停业损失的补偿。

市、县级人民政府应当制定补助和奖励办法，对被征收人给予补助和奖励。对被征收房屋价值的补偿，不得低于房屋征收决定公告之日被征收房屋类似房地产的市场价格。被征收房屋的价值，由具有相应资质的房地产价格评估机构按照房屋征收评估办法评估确定。被征收人可以选择货币补偿，也可以选择房屋产权调换。被征收人选择房屋产权调换的，市、县级人民政府应当提供用于产权调换的房屋，并与被征收人计算、结清被征收房屋价值与用于产权调换房屋价值的差价。因旧城区改建征收个人住宅，被征收人选择在改建地段进行房屋产权调换的，做出房屋征收决定的市、县级人民政府应当提供改建地段或者就近地段的房屋。因征收房屋造成搬迁的，房屋征收部门应当向被征收人支付搬迁费；选择房屋产权调换的，产权调换房屋交付前，房屋征收部门应当向被征收人支付临时安置费或者提供周转用房。对因征收房屋造成停产停业损失的补偿，根据房屋被征收前的效益、停产停业期限等因素确定。具体办法由省、自治区、直辖市制定。房屋征收部门与被征收人依照条例的规定，就补偿方式、补偿金额和支付期限、用于产权调换房屋的地点和面积、搬迁费、临时安置费或者周转用房、停产停业损失、搬迁期限、过渡方式和过渡期限等事项，订立补偿协议。实施房屋征收应当先补偿、后搬迁。做出房屋征收决定的市、县级人民政府对被征收人给予补偿后，被征收人应当在补偿协议约定或者补偿决定确定的搬迁期限内完成搬迁。

3.4.2　与项目建设有关的其他费用

1. 建设单位管理费

建设单位管理费是指经批准单独设置管理机构的建设单位所发生的管理费用。政府投资的基本建设项目的建设单位管理费开支范围和标准必须遵守财政部于 2002 年 9 月发布的《基本建设财务管理规定》。

建设单位管理费的内容包括：工作人员工资和工资性津贴、工资附加费、劳动保险基金、差旅交通费、办公费、工具用具使用费、固定资产使用费、生产工人招募费、合同契约证费、工程招标费、工程质量监督费、临时设施费、竣工清理费等。

建设单位管理费的计算办法。应按建设项目规模，建设周期和建设单位定员标准，合理确定人均开支额，以费用金额计算；也可以按不同投资规定，分别制定不同的管理费率，以投资额为基数计算；改、扩建项目建设单位管理费用，应按具体情况适当降低费用。

2. 勘察设计费

勘察设计费是指对工程建设项目进行勘察设计所发生的费用。勘察设计费包括：项目的各项勘探、勘察费用，初步设计费、施工图设计费、竣工图文件编制费，施工图预算编制费，以及设计代表的现场技术服务费。按其内容划分为：勘察费和设计费。

3. 研究试验费

研究试验费是指为本建设项目提供或验证设计数据、资料等进行必要的研究试验及按照设计规定在建设过程中必须进行试验、验证所需的费用。

4. 可行性研究费

可行性研究费是指在建设项目前期工作中，编制和评估项目建议书、可行性研究报告所需的费用。

5. 场地准备及临时设施费

场地准备及临时设施费是指建设场地准备费和建设单位临时设施费。

场地准备费是指建设项目为达到工程开工条件所发生的场地平整和对建设场地余留的有碍于施工建设的设施进行拆除清理的费用。

临时设施费是指按照规定拨付给施工企业的临时设施包干费，以及建设单位自行施工所发生的临时设施实际支出费用。

6. 工程监理费

工程监理费是指建设单位委托工程监理单位实施工程监理的费用。

7. 环境影响评价费

环境影响评价费是指按照《中华人民共和国环境保护法》《中华人民共和国环境影响评价法》等规定，为全面、详细地评价建设项目对环境可能产生的污染或造成的重大影响所需的费用。包括编制环境影响报告书（含大纲）、环境影响报告表以及对环境影响报告书（含大纲）、环境影响报告表进行评估等所需的费用。此项费用可参照《关于规范环境影响咨询收费有关问题的通知》（计价格〔2002〕125 号）规定计算。

8. 劳动安全卫生评价费

劳动安全卫生评价费是指按照《建设项目（工程）劳动安全卫生监察规定》和《建设项目（工程）劳动安全卫生预评价管理办法》的规定，为预测和分析建设项目存在的职业危险、危害因素的种类和程度，提出先进、科学、合理、可行的劳动安全卫生技术和管理对策所需的费用。包括编制建设项目劳动安全卫生预评价大纲和劳动安全卫生预评价报告书，以及为编制上述文件所进行的工程分析和环境现状调查等所需费用。

9. 引进技术和引进设备其他费

引进技术和引进设备其他费是指引进技术和设备发生的但未计入设备购置费中的费用。

（1）引进项目图纸资料翻译复制费、备品备件测绘费。可根据引进项目的具体情况计列或按引进货价（FOB）的比例估列；引进项目发生备品备件测绘费时按具体情况估列。

（2）出国人员费用。包括买方人员出国设计联络、出国考察、联合设计、监造、培训等所发生的差旅费、生活费等。依据合同或协议规定的出国人次、期限以及相应的费用标准计算。生活费按照财政部、外交部规定的现行标准计算，差旅费按中国民航公布的票价计算。

（3）来华人员费用。包括卖方来华工程技术人员的现场办公费用、往返现场交通费用、接待费用等。依据引进合同或协议有关条款及来华技术人员派遣计划进行计算。来华人员接待费用可按每人次费用指标计算。引进合同价款中已包括的费用内容不得重复计算。

（4）银行担保及承诺费。指引进项目由国内外金融机构出面承担风险和责任担保所发生的费用，以及支付贷款机构的承诺费用。应按担保或承诺协议计取，投资估算和概算编制时可以担保金额或承诺金额为基数乘以费率计算。

10. 工程保险费

工程保险费根据不同的工程类别，分别以其建筑、安装工程费乘以建筑、安装工程保险费率计算。民用建筑（住宅楼、综合性大楼）占建筑工程费的 2‰ ~ 4‰；其他建筑（工业厂房、仓库、道路、码头、水坝、隧道、桥梁、管道等）占建筑工程费的 3‰ ~ 6‰，安装工程（农业、工业、机械、电子、电器、纺织、矿山、石油、化学及钢铁工业、钢结构桥梁）占建筑工程费的 3‰ ~ 6‰。

11. 联合试运转费

联合试运转费是指新建企业或新增加生产工艺过程的扩建企业在竣工验收前，按照设计规定的工程质量标准，进行整个车间的负荷或无负荷联合试运转所发生的费用支出大于试运转收入的亏损部分，以及必要的工业炉烘炉费。不包括应由设备安装费用开支的单体试车费用。不发生试运转费的工程或者试运转收入和支出可相抵销的工程，不列此费用项目。

费用内容包括：试运转所需的原料、燃料、油料和动力的消耗费用，机械使用费用，低值易耗品及其他物品的费用和施工单位参加化工试车人员的工资等以及专家指导开车费用等。

试运转收入包括：试运转产品销售和其他收入。

编制方法：确实可能发生亏损的，可根据情况列入。

12. 特殊设备安全监督检验费

特殊设备安全监督检验费是指在施工现场组装的锅炉及压力容器、压力管道、消防设备、燃气设备、电梯等特殊设备和设施，由安全监察部门按照有关安全监察条例和实施细则以及设计技术要求进行安全检验，应由建设工程项目支付的，向安全监察部门缴纳的费用。

13. 市政公用设施费

市政公用设施费是指使用市政公用设施的工程项目，按照项目所在地省级人民政府有关规定建设或缴纳的市政公用设施建设配套费用，以及绿化工程补偿费用。此项费用按工程所在地人民政府规定标准计列。

3.4.3 与未来生产经营有关的其他费用

1. 联合试运转费

联合试运转费是指新建项目或新增加生产能力的项目，在交付生产前按照批准的设计文件所规定的工程质量标准和技术要求，进行整个生产线或装置的负荷联合试运转或局部联动试车所发生的费用净支出（试运转支出大于收入的差额部分费用）。试运转支出包括试运转所需原材料、燃料及动力消耗、低值易耗品、其他物料消耗、工具用具使用费、机械使用费、保险金、施工单位参加试运转人员工资以及专家指导费等；试运转收入包括试运转期间的产品销售收入和其他收入。

联合试运转费不包括应由设备安装工程费用开支的调试及试车费用，以及在试运转中暴露出来的因施工原因或设备缺陷等发生的处理费用。

不发生试运转或试运转收入大于（或等于）费用支出的工程，不列此项费用。

当联合试运转收入小于试运转支出时，联合试运转费用按下式计算：

$$联合试运转费 = 联合试运转费用支出 - 联合试运转收入 \qquad (3\text{-}15)$$

试运行期按照以下规定确定：引进国外设备项目按建设合同中规定的试运行期执行；国内一般性建设工程项目试运行期原则上按照批准的设计文件所规定期限执行。个别行业的建设工程项目试运行期需要超过规定试运行期的，应报项目设计文件审批机关批准。试运行期一经确定，建设单位应严格按规定执行，不得擅自缩短或延长。

2. 生产准备费

生产准备费是指新建项目或新增生产能力的项目，为保证竣工交付使用进行必要的生产准备所发生的费用，费用内容包括：

（1）生产职工培训费。自行培训、委托其他单位培训人员的工资、工资性补贴、职工福利费、差旅交通费、学习资料费、学费、劳动保护费等。

（2）生产单位提前进厂参加施工、设备安装、调试等以及熟悉工艺流程及设备性能等人员的工资、工资性补贴、职工福利费、差旅交通费、劳动保护费等。

新建项目按设计定员为基数计算，改扩建项目按新增设计定员为基数计算：

$$生产准备费 = 设计定员 \times 生产准备费指标（元/人） \qquad (3\text{-}16)$$

3. 办公和生活家具购置费

办公和生活家具购置费是指为保证新建、改建、扩建项目初期正常生产、使用和管理所必须购置的办公和生活家具、用具的费用。改、扩建项目所需的办公和生活用具购置费，应低于新建项目。其范围包括办公室、会议室、资料档案室、阅览室、文娱室、食堂、浴室、理发室和单身宿舍等。这项费用按照设计定员人数乘以综合指标计算。

一般建设工程项目很少发生一些具有明显行业特征的工程建设其他费用项目，如移民安置费、水资源费、水土保持评价费、地震安全性评价费、地质灾害危险性评价费、河道占用补偿费、超限设备运输特殊措施费、航道维护费、植被恢复费、种质检测费、引种测试费等，具体项目发生时依据有关政策规定列入。

3.5　预备费

按我国现行规定，预备费包括基本预备费和涨价预备费。

1. 基本预备费

基本预备费是指在项目实施中可能发生难以预料的支出，需要预先预留的费用，又称为不可预见费。主要是指设计变更及在施工过程中可能增加工程量的费用。基本预备费一般由以下四部分构成：

（1）工程变更及洽商。在批准的初步设计范围内，技术设计、施工图设计及施工过程中所增加的工程费用；由于设计变更、工程变更、材料代用、局部地基处理等增加的费用。

（2）一般自然灾害处理。一般自然灾害造成的损失和预防自然灾害所采取的措施费用。实行工程保险的工程项目，该费用应适当降低。

（3）不可预见的地下障碍物处理的费用。

（4）超规、超限设备运输增加的费用。

计算公式为

基本预备费 = (设备及工具、器具购置费 + 建筑安装工程费 + 工程建设其他费) ×
$$\text{基本预备费率} \qquad (3\text{-}17)$$

2. 涨价预备费

涨价预备费是指建设工程项目在建设期内由于利率、汇率或价格等变化引起投资增加，需要事先预留可能增加的费用。涨价预备费以建筑安装工程费，以及设备及工具、器具购置费之和为计算基数，计算公式为

$$PC = \sum_{t=1}^{n} I_t \left[(1 + f)^t - 1 \right] \qquad (3\text{-}18)$$

式中 PC——涨价预备费；

I_t——第 t 年的建筑安装工程费，以及设备及工具、器具购置费之和；

n——建设期；

f——建设期价格上涨指数。

【例 3-1】 某建设工程项目在建设期初的建筑安装工程费，以及设备及工具、器具购置费为 45000 万元。按本项目实施进度计划，项目建设期为 3 年，投资分年使用比例为：第 1 年为 25%，第 2 年为 55%，第 3 年为 20%，建设期内预计年平均价格总水平上涨率为 5%。建设期贷款利息为 1395 万元，建设工程项目其他费用为 3860 万元，基本预备费率为 10%。试估算该项目的建设投资。

解：(1) 计算项目的涨价预备费。

第 1 年末的涨价预备费 = 45000 × 25% × [(1 + 0.05) − 1] = 562.5（万元）

第 2 年末的涨价预备费 = 45000 × 55% × [(1 + 0.05)^2 − 1] = 2536.88（万元）

第 3 年末的涨价预备费 = 45000 × 20% × [(1 + 0.05)^3 − 1] = 1418.63（万元）

该项目建设期的涨价预备费 = 562.5 + 2536.88 + 1418.63 = 4518.01（万元）

(2) 计算项目的建设投资。

建设投资 = 静态投资 + 建设期贷款利息 + 涨价预备费

   = (45000 + 3860) × (1 + 10%) + 1395 + 4518.01

   = 59659.01（万元）。

3.6   建设期利息

建设期利息主要是指在建设期内发生的为工程项目筹措资金的融资费用及债务资金利息。

建设期利息的计算，根据建设期资金用款计划，在总贷款分年均衡发放前提下，可按当年借款在年中支用考虑，即当年借款按半年计息，上年借款按全年计息，计算公式为

$$q_j = \left(P_{j-1} + \frac{1}{2} A_j \right) \cdot i \qquad (3\text{-}19)$$

式中 q_j——建设期第 j 年应计利息；

P_{j-1}——建设期第 $(j-1)$ 年末累计贷款本金与利息之和；

A_j——建设期第 i 年贷款金额；

　　i——年利率。

　　利用国外贷款的利息计算中，年利率应综合考虑贷款协议中向贷款方加收的手续费、管理费、承诺费，以及国内代理机构向贷款方收取的转贷费、担保费和管理费等。

　　【例 3-2】 某新建项目，建设期为 3 年，共向银行贷款 1300 万元，贷款时间为：第 1 年为 300 万元，第 2 年为 600 万元，第 3 年为 400 万元，年利率为 6%，计算建设期利息。

　　解：在建设期，各年利息计算如下：

　　第 1 年应计利息 $= \dfrac{1}{2} \times 300 \times 6\% = 9$ （万元）

　　第 2 年应计利息 $= \left(300 + 9 + \dfrac{1}{2} \times 600\right) \times 6\% = 36.54$ （万元）

　　第 3 年应计利息 $= \left(300 + 9 + 600 + 36.54 + \dfrac{1}{2} \times 400\right) \times 6\% = 68.73$ （万元）

　　建设期利息总和为 114.27 万元。

第4章 工程计价方法及依据

4.1 工程计价方法

4.1.1 工程计价的基本方法

从工程费用计算的角度分析，每一个建设项目都可以分解为若干子项目，每一个子项目都可以计量计价，进而在上一层次组合，最终确定工程造价，其计算公式为

$$工程造价 = \sum_{i}^{n}（子项目工程量 \times 工程单价）\tag{4-1}$$

式中 i ——第 i 个工程子项目；

n ——建设项目分解得到的工程子项目总数。

影响工程造价的主要因素有两个，即子项目工程量和工程单价。可见，子项目工程量的大小和工程单价的高低直接影响工程造价的高低。

确定子项目工程量是一个烦琐而又复杂的过程。当设计图深度不够时，不可能准确计算工程量，只能用"大而粗"的量，例如建筑面积、体积等作为工程量，对工程造价进行估算和概算；当设计图深度达到施工图要求时，就可以对由建设项目分解得到的若干子项目工程量进行逐一计算，用施工图预算的方式确定工程造价。

工程单价的不同决定了所用计价方式的不同。投资估算指标用于投资估算；概算指标用于设计概算；"人、材、机"单价适用于定额计价法编制施工图预算；综合单价适用于清单计价法编制施工图预算；全费用单价可在更完整的层面上进行施工图预算和设计概算。

工程单价由消耗量和"人、材、机"的具体单价决定。消耗量是在长期的生产实践中形成的生产一定计量单位的建筑产品所需消耗的人工、材料、机械台班的数量标准，一般体现在"预算定额"或"概算定额"中，因而"预算定额"或"概算定额"是工程计价的基础，无论定额计价还是清单计价都离不开定额。"人、材、机"的具体单价由市场供求关系决定，服从价值规律。在市场经济条件下，工程造价的定价原则是"企业自主报价、竞争形成价格"，因此，工程单价的确定原则应是"价变量不变"，即"人、材、机"的具体单价是绝对要变的，而定额消耗量是相对不变的。

计价中的项目划分是十分重要的环节。各专业《工程量计算规范》是清单项目划分的标准，"预（概）算定额"是计价项目划分的标准。清单项目划分注重工程实体，而定额项目划分注重施工过程，一个工程实体通常由若干个施工过程来完成，所以一个清单分项通常要包含多个定额子项。

4.1.2 工程造价的定额计价方法

预算定额，是在正常的施工条件下，规定完成一定计量单位的合格分项工程或结构构件

所需消耗的人工、材料、机械台班数量及其相应费用标准。

1. 工程定额的作用

（1）编制施工进度计划的基础。在组织管理施工中，需要编制进度与作业计划，其中应考虑施工过程中的人力、材料、机械台班的需用量，是以定额为依据计算的。

（2）确定建筑工程造价的依据。根据设计规定的工程标准、数量及其相应的定额确定人工、材料、机械台班所消耗数量及单位预算价值和各种费用标准确定工程造价。

（3）推行经济责任制的重要依据。建筑企业在全面推行投资包干制和以招标投标为核心的经济责任制中，签订投资包干的协议，计算招标标底和投标报价，签订总承包和分包合同协议等，都以建设工程定额为编制依据。

（4）企业降低工程成本的重要依据。以定额为标准，分析比较成本的消耗。通过比较分析找出薄弱环节，提出改革措施，降低人工、材料、机械台班等费用在建筑产品中的消耗，从而降低工程成本，取得更好的经济效益。

（5）提高劳动生产率，总结先进生产方法的重要手段。企业根据定额把提高劳动生产率的指标和措施，具体落实到每个人或班组。工人为完成或超额完成定额，将努力提高技术水平，使用新方法、新工艺，改善劳动组织、降低消耗、提高劳动生产率。

2. 工程定额的分类

（1）按专业分类。由于工程建设涉及众多的专业，不同的专业所包含的内容也不同，因此就确定人工、材料和机械台班消耗数量标准的工程定额来说，也需按不同的专业分别进行编制和执行。

1）建筑工程定额按专业对象分为建筑及装饰工程定额、房屋修缮工程定额、市政工程定额、铁路工程定额、公路工程定额、矿山井巷工程定额等。

2）安装工程定额按专业对象分为电气设备安装工程定额、机械设备安装工程定额、热力设备安装工程定额、通信设备安装工程定额、化学工业设备安装工程定额、工业管道安装工程定额、工艺金属结构安装工程定额等。

（2）按定额反映的生产要素消耗内容分类。按定额反映的生产要素消耗内容分类可以把工程定额划分为劳动消耗定额、材料消耗定额和机械消耗定额三种。

1）劳动消耗定额。简称劳动定额（也称为人工定额），是在正常的施工技术和组织条件下，完成规定计量单位合格的建筑安装产品所消耗的人工工日的数量标准。劳动定额的主要表现形式是时间定额，但同时也表现为产量定额。时间定额与产量定额互为倒数。

2）材料消耗定额。简称材料定额，是指在正常的施工技术和组织条件下，完成规定计量单位合格的建筑安装产品所消耗的原材料、成品、半成品、构配件、燃料，以及水、电等动力资源的数量标准。

3）机械消耗定额。机械消耗定额是以一台机械、一个工作班为计量单位，所以又称为机械台班定额。机械消耗定额是指在正常的施工技术和组织条件下，完成规定计量单位合格的建筑安装产品所消耗的施工机械台班的数量标准。机械消耗定额的主要表现形式是机械时间定额和机械产量定额。

（3）按定额的编制程序和用途分类。按定额的编制程序和用途分类可以把工程定额分为施工定额、预算定额、概算定额、概算指标、投资估算指标五种。

1）施工定额。施工定额是完成一定计量单位的某一施工过程或基本工序所需消耗的人工、材料和机械台班数量标准。施工定额是施工企业（建筑安装企业）组织生产和加强管理时在企业内部使用的一种定额，属于企业定额的性质。施工定额是以某一施工过程或基本工序作为研究对象，表示生产产品数量与生产要素消耗综合关系编制的定额。为了适应组织生产和管理的需要，施工定额的项目划分很细，是工程定额中分项最细、定额子目最多的一种定额，也是工程定额中的基础性定额。

2）预算定额。预算定额是在正常的施工条件下，完成一定计量单位合格分项工程和结构构件所需消耗的人工、材料、机械台班数量及其费用标准。预算定额是一种计价性定额。从编制程序上看，预算定额是以施工定额为基础综合扩大编制的，同时也是编制概算定额的基础。

3）概算定额。概算定额是完成单位合格扩大分项工程或扩大结构构件所需消耗的人工、材料和机械台班的数量及其费用标准，是一种计价性定额。概算定额是编制扩大初步设计概算、确定建设项目投资额的依据。概算定额的项目划分粗与细，和扩大初步设计的深度相适应，一般是在预算定额的基础上综合扩大而成的，每一综合分项概算定额都包含了数项预算定额。

4）概算指标。概算指标是以单位工程为对象，反映完成一个规定计量单位建筑安装产品的经济消耗指标。概算指标是概算定额的扩大与合并，是以更为扩大的计量单位来编制的。概算指标的内容包括人工、机械台班、材料定额三个基本部分，同时还列出了各结构分部的工程量及单位建筑工程（以体积计或面积计）的造价，是一种计价定额。

5）投资估算指标。投资估算指标是以建设项目、单项工程、单位工程为对象，反映建设总投资及其各项费用构成的经济指标。它是在项目建议书和可行性研究阶段编制投资估算、计算投资需要量时使用的一种定额。它的概略程度与可行性研究阶段相适应。投资估算指标通常根据历史的预算、决算资料和价格变动等资料编制，但其编制基础仍然离不开预算定额、概算定额。

上述各种定额的相互联系，见表4-1。

表4-1　各种定额间关系的比较

比较内容	施工定额	预算定额	概算定额	概算指标	投资估算指标
研究对象	施工过程或基本工序	分项工程和结构构件	扩大的分项工程或扩大的结构构件	单位工程	建设项目、单项工程
用途	编制施工预算	编制施工图预算	编制扩大初步设计概算	编制初步设计概算	编制投资估算
项目划分	最细	细	较粗	粗	很粗
定额水平	平均先进	平均			
定额性质	生产性定额	计价性定额			

（4）按主编单位和管理权限分类。工程定额可以分为全国统一定额、行业统一定额、地区统一定额、企业定额、补充定额五种。

1）全国统一定额是由国家建设行政主管部门综合全国工程建设中技术和施工组织管理的情况编制，并在全国范围内适用的定额。

2）行业统一定额是考虑到各行业部门专业工程技术特点，以及施工生产和管理水平编制的。一般是只在本行业和相同专业性质的范围内使用。

3）地区统一定额包括省、自治区、直辖市定额。地区统一定额主要是考虑地区性特点和全国统一定额水平做适当调整和补充编制的。

4）企业定额是施工单位根据本企业的施工技术、机械装备和管理水平编制的人工、施工机械台班和材料等的消耗标准。企业定额在企业内部使用，是企业综合素质的一个标志。企业定额水平一般应高于国家现行定额才能满足生产技术发展、企业管理和市场竞争的需要。在工程量清单计价方式下，企业定额作为施工企业进行建设工程投标报价的计价依据，正发挥着越来越大的作用。

5）补充定额是指随着设计、施工技术的发展，现行定额不能满足需要的情况下，为了补充缺陷所编制的定额。补充定额只能在指定的范围内使用，可以作为以后修订定额的基础。

上述各种定额虽然适用于不同的情况和用途，但是它们是一个互相联系且有机的整体，可在实际工作中配合使用。

3. 定额计价法的步骤

定额计价法的步骤如图 4-1 所示。

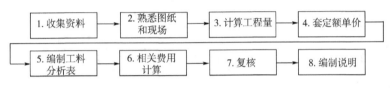

图 4-1　定额计价步骤示意图

4. 定额计价法的基本程序

定额计价法的基本程序见表 4-2。

表 4-2　工程造价计价程序表（一般计税方法）

序号	费用名称	计算公式	备注
1	分部（分项）工程费	【1.2】＋【1.3】＋【1.4】＋【1.5】＋【1.6】＋【1.7】	
1.1	其中：综合工日	定额基价分析	
1.2	定额人工费	定额基价分析	
1.3	定额材料费	定额基价分析	
1.4	定额机械费	定额基价分析	
1.5	定额管理费	定额基价分析	
1.6	定额利润	定额基价分析	
1.7	调差	【1.7.1】＋【1.7.2】＋【1.7.3】＋【1.7.4】	
1.7.1	人工费差价		
1.7.2	材料费差价		不含税价调差
1.7.3	机械费差价		
1.7.4	管理费差价		按规定调差
2	措施项目费	【2.2】＋【2.3】＋【2.4】	
2.1	其中：综合工日	定额基价分析	

（续）

序号	费用名称	计算公式	备注
2.2	安全文明施工费	定额基价分析	不可竞争费
2.3	单价类措施费	【2.3.1】＋【2.3.2】＋【2.3.3】＋【2.3.4】＋【2.3.5】＋【2.3.6】	
2.3.1	定额人工费	定额基价分析	
2.3.2	定额材料费	定额基价分析	
2.3.3	定额机械费	定额基价分析	
2.3.4	定额管理费	定额基价分析	
2.3.5	定额利润	定额基价分析	
2.3.6	调差：	【2.3.6.1】＋【2.3.6.2】＋【2.3.6.3】＋【2.3.6.4】	
2.3.6.1	人工费差价		
2.3.6.2	材料费差价		不含税价调差
2.3.6.3	机械费差价		
2.3.6.4	管理费差价		按规定调差
2.4	其他措施费（费率类）	【2.4.1】＋【2.4.2】	
2.4.1	其他措施费（费率类）	定额基价分析	
2.4.2	其他（费率类）		按约定
3	其他项目费	【3.1】＋【3.2】＋【3.3】＋【3.4】＋【3.5】	
3.1	暂列金额		按约定
3.2	专业工程暂估价		按约定
3.3	计日工		按约定
3.4	总承包服务费	业主分包专业工程造价×费率	按约定
3.5	其他		按约定
4	规费	【4.1】＋【4.2】＋【4.3】	不可竞争费
4.1	定额规费	定额基价分析	
4.2	工程排污费		
4.3	其他		
5	不含税工程造价	【1】＋【2】＋【3】＋【4】	
6	增值税	【5】×9%	一般计税方法
7	含税工程造价	【5】＋【6】	

4.1.3 工程量清单计价方法

1. 基本概念

工程量清单计价包括招标控制价和投标报价，并贯穿于合同价款约定、工程计量与价款支付、索赔与现场签证、工程价款调整、工程竣工结算办理、工程造价计价争议处理等全过程计价活动。

招标控制价是招标人根据国家或省级、行业建设主管部门颁发的有关计价依据和办法，以及拟定的招标文件和招标工程量清单，结合工程具体情况编制的招标工程的最高投标限价。我国规定，使用国有资金投资的建设工程发承包，必须采用工程量清单计价并编制招标控制价。招标控制价超过批准的概算时，招标人应将其报原概算审批部门审核。投标人的投标报价高于招标控制价的应予废标。招标控制价应由具有编制能力的招标人，或受其委托具有相应资质的工程造价咨询人编制和复核。招标控制价应在发布招标文件时公布，不应上调或下浮，招标人应将招标控制价及有关资料报送工程所在地或有该工程管辖权的行业管理部门的工程造价管理机构备查。

投标报价是采用工程量清单招标时，投标人根据招标文件的要求和招标工程工程量清单、工程特点，并结合自身的施工技术、装备和管理水平，依据有关计价规定自主确定的工程造价，是投标人希望达成工程承包交易的期望价格，但不得低于成本。投标报价应由投标人或受其委托具有相应资质的工程造价咨询人编制。

2. 工程量清单的计价程序

工程量清单的计价程序如图 4-2 所示。

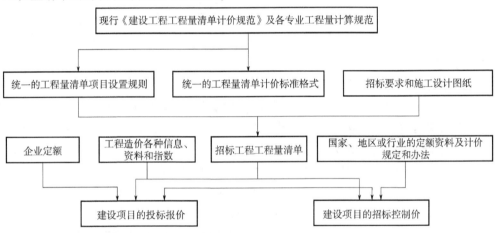

图 4-2　工程量清单的计价程序

3. 工程量清单编制程序

工程量清单编制程序如图 4-3 所示。

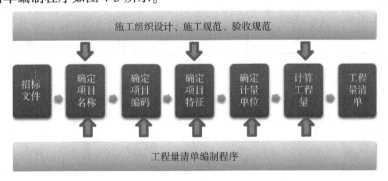

图 4-3　工程量清单编制程序

4. 各项费用的计算

（1）分部（分项）工程费的计算。分部（分项）工程费的计算公式为

分部（分项）工程费 = ∑［分部（分项）工程清单工程量×综合单价］　　（4-2）

式中：分部（分项）工程清单工程量应根据各专业工程工程量计算规范中的"工程量计算规则"和施工图、各类标配图纸计算。

综合单价，是指完成一个规定清单项目所需的人工费、材料费（含工程设备）、机械使用费、管理费和利润的单价。综合单价计算公式为

$$综合单价 = \frac{清单项目费（含人／材／机／管／利）}{清单工程量} \qquad (4-3)$$

1）人工费、材料费、机械使用费的计算。人工费、材料费、机械使用费的计算，见表4-3。

表4-3 人工费、材料费、机械使用费的计算

费用名称	计算方法
人工费	分部（分项）工程工程量 × 人工消耗量 × 人工工日单价
材料费	分部（分项）工程工程量 × ∑（材料消耗量 × 材料单价）
机械使用费	分部（分项）工程工程量 × ∑（机械台班消耗量 × 机械台班单价）

注：表中的分部（分项）工程工程量是指按定额计算规则计算出的"定额工程量"。

2）管理费的计算。

①管理费的计算表达式为

$$管理费 = （定额人工费 + 定额机械费） \times 管理费费率 \qquad (4-4)$$

定额人工费是指在"消耗量定额"中规定的人工费，是以人工消耗量乘以当地某一时期的人工工资单价得到的计价人工费，它是管理费、利润、社保费及住房公积金的计费基础。当出现人工工资单价调整时，价差部分可计入其他项目费。

定额机械费也是指在"消耗量定额"中规定的机械费，是以机械台班消耗量乘以当地某一时期的人工工资单价、燃料动力单价得到的计价机械费。它是管理费、利润的计费基础。当出现机械中的人工工资单价、燃料动力单价调整时，价差部分可计入其他项目费。

②管理费费率，见表4-4。

表4-4 管理费费率

专业	房屋建筑与装饰工程	通用安装工程	市政工程	园林绿化工程	房屋修缮及仿古建筑工程	城市轨道交通工程	独立土石方工程
费率（%）	33	30	28	28	23	28	25

3）利润的计算。

①利润的计算表达式为

$$利润 = （定额人工费 + 定额机械费） \times 利润率 \qquad (4-5)$$

②利润率见表4-5。

表4-5 利润率

专业	房屋建筑与装饰工程	通用安装工程	市政工程	园林绿化工程	房屋修缮及仿古建筑工程	城市轨道交通工程	独立土石方工程
利润率（%）	20	20	15	15	15	18	15

（2）措施项目费的计算。措施项目费是指为完成工程项目施工，而用于发生在该工程

施工准备和施工过程中的技术、生活、安全、环境保护等方面的非工程实体项目所支出的费用。措施项目清单计价应根据建设工程的施工组织设计，可以计算工程量的措施项目，应按分部（分项）工程工程量清单的方式采用综合单价计价；其余的不能算出工程量的措施项目，则用总价项目的方式，以"项"为单位的方式计价，应包括除规费和税金外的全部费用。措施项目清单中的安全文明施工费应按照国家或省级、行业建设主管部门的规定计价，不得作为竞争性费用。

措施项目费的计算方法一般有以下几种：

1）综合单价法。综合单价法与分部（分项）工程综合单价的计算方法一样，就是根据需要消耗的实物工程量与实物单价计算措施费，适用于可以计算工程量的措施项目，主要是指一些与工程实体有紧密联系的项目，例如混凝土模板、脚手架、垂直运输等。与分部（分项）工程不同，并不要求每个措施项目的综合单价必须包含人工费、材料费、机具费、管理费和利润中的每一项。

$$措施项目费 = \sum（单价措施项目工程量 \times 单价措施项目综合单价）\qquad (4-6)$$

2）参数法计价。参数法计价是指按一定的基数乘以系数的方法或用自定义公式进行计算。这种方法简单明了，但最大的难点是公式的科学性、准确性难以把握。这种方法主要适用于施工过程中必须发生，但在投标时很难具体分项预测，又无法单独列出项目内容的措施项目。例如夜间施工费、二次搬运费、冬雨期施工增加费的计价均可以采用该方法，计算公式如下：

①安全文明施工费：

$$安全文明施工费 = 计算基数 \times 安全文明施工费费率（\%）\qquad (4-7)$$

计算基数应为定额基价 [定额分部（分项）工程费 + 定额中可以计量的措施项目费]、定额人工费或（定额人工费 + 定额机械费），其费率由工程造价管理机构根据各专业工程的特点综合确定。

②夜间施工增加费：

$$夜间施工增加费 = 计算基数 \times 夜间施工增加费费率（\%）\qquad (4-8)$$

③二次搬运费：

$$二次搬运费 = 计算基数 \times 二次搬运费费率（\%）\qquad (4-9)$$

④冬雨期施工增加费：

$$冬雨期施工增加费 = 计算基数 \times 冬雨期施工增加费费率\qquad (4-10)$$

⑤已完工程及设备保护费：

$$已完工程及设备保护费 = 计算基数 \times 已完工程及设备保护费费率（\%）\qquad (4-11)$$

上述②~⑤项措施项目的计费基数应为定额人工费或（定额人工费 + 定额机械费），其费率由工程造价管理机构根据各专业工程特点和调查资料综合分析后确定。

3）分包法计价。分包法计价是在分包价格的基础上增加投标人的管理费及风险费进行计价的方法，这种方法适合可以分包的独立项目，例如室内空气污染测试等。

有时招标人要求对措施项目费进行明细分析，这时采用参数法计价和分包法计价都是先计算该措施项目的总费用，这就需要人为用系数或比例的办法分摊人工费、材料费、机械费、管理费及利润。

（3）其他项目费的计算。其他项目费由暂列金额、暂估价、记日工、总承包服务费等内容构成。

　　暂列金额和暂估价由招标人按估算金额确定。招标人在工程量清单中提供的暂估价的材料、工程设备和专业工程，若属于依法必须招标的，由承包人和招标人共同通过招标确定材料、工程设备单价和专业工程分包价；若材料、工程设备不属于依法必须招标的，经发承包双方协商确认单价后计价；若专业工程不属于依法必须招标的，由发包人、总承包人与分包人按有关计价依据进行计价。

　　记日工和总承包服务费由承包人根据招标人提出的要求，按估算的费用确定。

　　（4）规费、税金的计算。规费是指政府和有关权力部门规定必须缴纳的费用。建筑安装工程税金是指国家税法规定的应计入建筑安装工程造价内的营业税、城市维护建设税、教育费附加及地方教育费附加。若国家税法发生变化或地方政府及税务部门依据职权对税种进行了调整，应对税金项目清单进行相应调整。

　　规费和税金应按国家或省级、行业建设主管部门的规定计算，不得作为竞争性费用。在每一项规费和税金的规定文件中，对其计算方法都有明确的说明，故可以按各项法规和规定的计算方式计取。具体计算时，一般按国家及有关部门规定的计算公式和费率标准进行计算。

4.2　工程计价依据及作用

4.2.1　工程建设定额

1. 定额的含义

　　"定"就是规定，"额"就是额度，即规定在生产中各种社会必要劳动的消耗量（包括活劳动和物化劳动）的标准尺度。生产任何一种合格产品都必须消耗一定数量的人工、材料、机械台班，而生产同一产品所消耗的劳动量常随着生产因素和生产条件的变化而不同。一般来说，在生产同一产品时，所消耗的劳动量越大，则产品的成本越高，企业盈利就会降低，对社会贡献就会降低；反之，所消耗的劳动量越小，则产品的成本越低，企业盈利就会增加，对社会贡献就会增加。但这时消耗的劳动量就不可能无限地降低或增加，它在一定的生产因素和生产条件下，在相同的质量与安全要求下，必有一个合理的数额。作为衡量标准，这种数额标准还受到不同的社会制约。

2. 定额的分类

　　可以把工程定额分为施工定额、预算定额、概算定额、概算指标、投资估算指标等。

4.2.2　《建设工程工程量清单计价规范》

　　为规范建设工程施工发承包计价行为，统一建设工程工程量清单的编制和计价方法，根据《中华人民共和国建筑法》《中华人民共和国合同法》《中华人民共和国招标投标法》，制定本规范，适用于建设工程施工发承包计价活动。

　　2013版《建设工程工程量清单计价规范》在2008版的基础上，对体系做了较大的调整，具体内容是：

（1）《建设工程工程量清单计价规范》（GB 50500）（以下简称《清单计价规范》）。

（2）《房屋建筑与装饰工程工程量计算规范》（GB 50854）。

（3）《仿古建筑工程工程量计算规范》（GB 50855）。

（4）《通用安装工程工程量计算规范》（GB 50856）。

（5）《市政工程工程量计算规范》（GB 50857）。

（6）《园林绿化工程工程量计算规范》（GB 50858）。

（7）《矿山工程工程量计算规范》（GB 50859）。

（8）《构筑物工程工程量计算规范》（GB 50860）。

（9）《城市轨道交通工程工程量计算规范》（GB 50861）。

（10）《爆破工程工程量计算规范》（GB 50862）。

《清单计价规范》是统一工程量清单编制、规范工程量清单计价的国家标准；是调节建设工程招标投标中使用清单计价的招标人、投标人双方利益的规范性文件；是我国在招标投标中实行工程量清单计价的基础；是参与招标投标各方进行工程量清单计价应遵守的准则；是各级建设行政主管部门对工程造价计价活动进行监督管理的重要依据。

《清单计价规范》的内容包括：总则、术语、一般规定、工程量清单编制、招标控制价、投标报价、合同价款约定、工程计量、合同价款调整、合同价款中期支付、竣工结算与支付、合同解除的价款结算与支付、合同价款争议的解决、工程造价鉴定、工程计价资料与档案、工程计价表格及 11 个附录。

工程计价表宜采用统一格式。各省、自治区、直辖市建设行政主管部门和行业建设主管部门可根据本地区、本行业的实际情况，在《清单计价规范》附录 B 至附录 L 计价表格的基础上补充完善。工程计价表格的设置应满足工程计价的需要，方便使用。

工程量清单的编制应符合下列规定：

（1）工程量清单编制使用表格包括：封-1、扉-1、表-01、表-08、表-11、表-12（不含表-12-6～表-12-8）、表-13、表-20、表-21 或表-22。

（2）扉页应按规定的内容填写、签字、盖章，由造价员编制的工程量清单应有负责审核的造价工程师签字、盖章。受委托编制的工程量清单，应有造价工程师签字、盖章以及工程造价咨询人盖章。

（3）总说明应按下列内容填写：

1）工程概况：建设规模、工程特征、计划工期、施工现场实际情况、自然地理条件、环境保护要求等。

2）工程招标和专业工程发包范围。

3）工程量清单编制依据。

4）工程质量、材料、施工等的特殊要求。

5）其他需要说明的问题。

（4）招标控制价、投标报价、竣工结算的编制应符合下列规定：

1）使用表格。

①招标控制价使用表格包括：封-2、扉-2、表-01、表-02、表-03、表-04、表-08、表-09、表-11、表-12（不含表-12-6～表-12-8）、表-13、表-20、表-21 或表-22；②投标报价使用的表格包括：封-3、扉-3、表-01、表-02、表-03、表-04、表-08、表-09、表-11、表-12

（不含表-12-6～表-12-8）、表-13、表-16、招标文件提供的表-20、表-21或表-22；③竣工结算使用的表格包括：封-4、扉-4、表-01、表-05、表-06、表-07、表-08、表-09、表-10、表-11、表-12、表-13、表-14、表-15、表-16、表-17、表-18、表-19、表-20、表-21或表-22。

2）扉页应按规定的内容填写、签字、盖章，除承包人自行编制的投标报价和竣工结算外，受委托编制的招标控制价、投标报价、竣工结算，由造价员编制的应有负责审核的造价工程师签字、盖章以及工程造价咨询人盖章。

3）总说明应按下列内容填写。

①工程概况：建设规模、工程特征、计划工期、合同工期、实际工期、施工现场及变化情况、施工组织设计的特点、自然地理条件、环境保护要求等；②编制依据等。

（5）工程造价鉴定应符合下列规定。

1）工程造价鉴定使用表格包括：封-5、扉-5、表-01、表-05～表-20、表-21或表-22；2）扉页应按规定内容填写、签字、盖章，应有承担鉴定和负责审核的注册造价工程师签字、盖执业专用章；3）说明应按《清单计价规范》第14.3.5条第1款至第6款的规定填写。

（6）投标人应按招标文件的要求，附工程量清单综合单价分析表。

注：本节所涉及表格均是指《清单计价规范》里的表格，下面就其中重要的常用表格摘录如下。

招标工程量清单封面

_____工程

招标工程量清单

招　标　人：_____

（单位盖章）

造价咨询人：_____

（单位盖章）

年　　月　　日

封-1

招标工程量清单扉页

_____工程

招标工程量清单

招 标 人：_____   造价咨询人：_____
　　　　　　（单位盖章）　　　　　　　　　　　　　（单位资质专用章）

法定代表人　　　　　　　　　　　　　　法定代表人
或其授权人：_____   或其授权人：_____
　　　　　　（签字或盖章）　　　　　　　　　　　　（签字或盖章）

编 制 人：_____   复 核 人：_____
　　　（造价人员签字盖专用章）　　　　　　　（造价工程师签字盖专用章）

编制时间：　　年　　月　　日　　　　复核时间：　　年　　月　　日

扉-1

投标总价封面

_____工程

投 标 总 价

投 标 人：_____
　　　　　　　　　　（单位盖章）

年　　　月　　　日

竣工结算书封面

_____工程

竣工结算书

发 包 人：_____
　　　　　　　　　　（单位盖章）

招 标 人：_____
　　　　　　　　　　（单位盖章）

造价咨询人：_____
　　　　　　　　　　（单位盖章）

年　　　月　　　日

投标总价扉页

投　标　总　价

招　标　人：_____

工　程　名　称：_____

投标总价（小写）：_____

　　　　（大写）：_____

投　标　人：_____

　　　　　　　　　（单位盖章）

法定代表人
或其授权人：_____

　　　　　　　　　（签字或盖章）

编　制　人：_____

　　　　　　　（造价人员签字盖专用章）

时　　间：　　年　月　日

工程计价总说明

总　说　明

工程名称：　　　　　　　　　　　　　　　　　　　　　　　第　页共　页

表-01

单项工程招标控制价/投标报价汇总表

工程名称：   第　页共　页

序号	单项工程名称	金额/元	其中：/元		
			暂估价	安全文明施工费	规费
	合计				

注：本表适用于单项工程招标控制价或投标报价的汇总。暂估价包括分部（分项）工程中的暂估价和专业工程暂估价。

表-03

单位工程招标控制价/投标报价汇总表

工程名称：　　　　　　　　　　　标段：　　　　　　　　　　　第　页共　页

序号	汇总内容	金额/元	其中：暂估价/元
1	分部（分项）工程		
1.1			
1.2			
1.3			
1.4			
1.5			
2	措施项目		
2.1	其中：安全文明施工费		
3	其他项目		
3.1	其中：暂列金额		
3.2	其中：专业工程暂估价		
3.3	其中：计日工		
3.4	其中：总承包服务费		
4	规费		
5	税金（增值税）		
招标控制价合计 = 1 + 2 + 3 + 4 + 5			

注：本表适用于单位工程招标控制价或投标报价的汇总，如无单位工程划分，单项工程也使用本表汇总。

表-04

分部（分项）工程和单价措施项目清单与计价表

工程名称：　　　　　　　　　　标段：　　　　　　　　　　第　页共　页

序号	项目编码	项目名称	项目特征描述	计量单位	工程量	金额/元		
						综合单价	合价	其中暂估价
		本页小计						
		合　计						

注：为计取规费等的使用，可在表中增设其中："定额人工费"。

表-08

综合单价分析表

工程名称：　　　　　　　　　　　标段：　　　　　　　　　　　第 页共 页

项目编码		项目名称		计量单位		工程量	
清单综合单价组成明细							

定额编号	定额项目名称	定额单位	数量	单价				合价			
				人工费	材料费	机械费	管理费和利润	人工费	材料费	机械费	管理费和利润

人工单价		小计			
元/工日		未计价材料费			
清单项目综合单价					

	主要材料名称、规格、型号	单位	数量	单价/元	合价/元	暂估单价/元	暂估合价/元
材料费明细表							
	其他材料费			—		—	
	材料费小计			—		—	

注：1. 如不使用省级或行业建设主管部门发布的计价依据，可不填定额编号、名称等。

2. 招标文件提供了暂估单价的材料，按暂估的单价填入表内"暂估单价"栏及"暂估合价"栏。

表-09

综合单价调整表

工程名称：　　　　　　　　　　　　标段：　　　　　　　　　　　第　页共　页

序号	项目编码	项目名称	已标价清单综合单价/元					调整后综合单价/元				
			综合单价	其中				综合单价	其中			
				人工费	材料费	机械费	管理费和利润		人工费	材料费	机械费	管理费和利润
造价工程师（签章）：　　发包人代表（签章）：								造价人员（签章）：　　承包人代表（签章）：				
日期：								日期：				

注：综合单价调整应附调整依据。

表-10

总价措施项目清单与计价表

工程名称：　　　　　　　　　　标段：　　　　　　　　　　第 页共 页

序号	项目编码	项目名称	计算基础	费率（%）	金额/元	调整费率（%）	调整后金额/元	备注
		安全文明施工费						
		夜间施工增加费						
		二次搬运费						
		冬雨期施工增加费						
		已完工程及设备保护费						
合　计								

编制人（造价人员）：　　　　　　　　　　　　　　复核人（造价工程师）：

注：1. "计算基础"中安全文明施工费可为"定额基价""定额人工费"或"定额人工费+定额机械费"，其他项目可为"定额人工费"或"定额人工费+定额机械费"。

　　2. 按施工方案计算的措施费，若无"计算基础"和"费率"的数值，也可只填"金额"数值，但应在备注栏说明施工方案出处或计算方法。

表-11

其他项目清单与计价汇总表

工程名称：　　　　　　　　　　标段：　　　　　　　第　页共　页

序号	项目名称	金额/元	结算金额/元	备注
1	暂列金额			明细详见表-12-1
2	暂估价			
2.1	材料（工程设备）暂估价/结算价			明细详见表-12-2
2.2	专业工程暂估价/结算价			明细详见表-12-3
3	计日工			明细详见表-12-4
4	总承包服务费			明细详见表-12-5
5	索赔与现场签证			明细详见表-12-6
合　计				

注：材料（工程设备）暂估单价进入清单项目综合单价，此处不汇总。

表-12

暂列金额明细表

工程名称：   标段：   第 页共 页

序号	项 目 名 称	计量单位	暂定金额/元	备注
1				
2				
3				
4				
5				
6				
7				
8				
9				
10				
11				
合　计				—

注：此表由招标人填写，如不能详列，也可只列暂定金额总额，投标人应将上述暂列金额计入投标总价中。

表-12-1

计 日 工 表

工程名称：　　　　　　　　　　标段：　　　　　　　　　　第　页共　页

编号	项目名称	单位	暂定数量	实际数量	综合单价/元	合价/元	
						暂定	实际
一、	人工						
1							
2							
3							
4							
人 工 小 计							
二、	材料						
1							
2							
3							
4							
5							
6							
材 料 小 计							
三、	施工机械						
1							
2							
3							
4							
施工机械小计							
四、企业管理费和利润							
总 计							

注：此表项目名称、暂定数量由招标人填写，编制招标控制价时，单价由招标人按有关计价规定确定；投标时，单价由投标人自主报价，按暂定数量计算合价计入投标总价中。结算时，按发承包双方确认的实际数量计算合价。

表-12-4

规费、税金项目计价表

工程名称： 标段： 第 页共 页

序号	项目名称	计算基础	计算基数	计算费率（%）	金额/元
1	规费	定额人工费			
1.1	社会保险费	定额人工费			
（1）	养老保险费	定额人工费			
（2）	失业保险费	定额人工费			
（3）	医疗保险费	定额人工费			
（4）	工伤保险费	定额人工费			
（5）	生育保险费	定额人工费			
1.2	住房公积金	定额人工费			
1.3	工程排污费	按工程所在地环境保护部门收取标准，按实计入			
2	税金	分部（分项）工程费＋措施项目费＋其他项目费＋规费－按规定不计税的工程设备金额			
合　计					

编制人（造价人员）： 复核人（造价工程师）：

表-13

4.2.3　其他计价依据

1. 工程技术文件

工程技术文件是反映建设工程项目的规模、内容、标准、功能等的文件。只有依据工程技术文件，才能对工程的分部（分项）工程结构做出分解，得到计算的基本子项；只有依据工程技术文件及其反映的工程内容和尺寸，才能测算或计算出工程实物量，得到分部（分项）工程的实物数量。因此，工程技术文件是建设工程投资确定的重要依据。在工程建设的不同阶段所产生的工程技术文件是不同的。

（1）在项目决策阶段（包括项目意向、项目建议书、可行性研究等阶段），工程技术文件表现为项目策划文件、功能描述书、项目建议书或可行性研究报告等。此阶段的投资估算主要就是依据上述的工程技术文件进行编制的。

（2）在初步设计阶段，工程技术文件主要表现为初步设计所产生的初步设计图及有关设计资料。设计概算的编制，主要是以初步设计图等有关设计资料作为依据。

（3）在施工图设计阶段，随着工程设计的深入，进入详细设计，工程技术文件又表现为施工图设计资料，包括建筑施工图、结构施工图、设备施工图、其他施工图和设计资料。施工图预算的编制必须以施工图等有关工程技术文件为依据。

（4）在工程招标阶段，工程技术文件主要是以招标文件、工程量清单、招标控制价、建设单位的特殊要求、相应的工程设计文件等来体现。

工程建设各个阶段对应的建设工程投资的差异是由于人们的认识不能超越客观条件而造成的。在建设前期工作中，特别是项目决策阶段，人们对拟建项目的策划难以详尽、具体，因而，对建设工程投资的确定也不可能很精确。随着工程建设各个阶段工作的深化，且越接近后期，掌握的资料越多，人们对工程建设的认识就越接近实际，建设工程投资的确定也就越接近实际投资。由此可见，影响建设工程投资确定准确性的因素之一就是人们掌握工程技术文件的深度、完整性和可靠性。

2. 要素市场价格信息

人工、材料、施工机械等要素是建设工程造价的主要组成部分，相关要素的价格是影响建设工程造价的关键因素。在确定建设工程造价时，由于要素价格是由市场形成的，所需人工、材料、施工机械等资源的价格也都采自于市场，其价格会随着市场的变化而变化。因此，确定建设工程造价必须随时掌握市场价格信息，了解市场价格行情，熟悉市场各类资源的供求变化及价格动态，这样，得到的建设工程造价才能真实反映工程建造所需的费用。工程造价信息进行分类必须遵循以下基本原则。

（1）稳定性。信息分类应选择分类对象最稳定的本质属性或特征作为信息分类的基础和标准。信息分类体系应建立在对基本概念和划分对象的透彻理解和准确把握的基础上。

（2）兼容性。信息分类体系必须考虑到项目各参与方所应用的编码体系的情况。项目信息的分类体系应能满足不同项目参与方高效信息交换的需要。同时，与有关国际、国内标准的一致性也是兼容性应考虑的内容。

（3）可扩展性。信息分类体系应具备较强的灵活性，可以在使用过程中进行方便的扩展，以保证在增加新的信息类型时，不至于打乱已建立的分类体系，同时，一个通用的信息分类体系还应为具体环境中信息分类体系的拓展和细化创造条件。

（4）综合实用性。信息分类应从系统工程的角度出发，放在具体的应用环境中进行整体考虑。这体现在信息分类的标准与方法的选择上，应综合考虑项目的实施环境和信息技术工具。

3. 建设工程环境条件

环境和条件的差异或变化会导致建设工程投资大小的变化。工程的环境和条件包括工程地质条件、气象条件、现场环境与周边条件，也包括工程建设的实施方案、组织方案、技术方案等。例如国际工程承包，承包商在进行投标报价时，需通过充分的现场环境、条件调查，来了解和掌握对工程价格产生影响的内容。如工程所在国的政治情况、经济情况、法律情况，以及交通、运输、通信情况，生产要素的市场情况，历史、文化、宗教情况，气象、水文、地质等自然条件资料，工程现场地形地貌、周围道路、邻近建筑物、市政设施等施工条件及其他条件，工程业主情况、设计单位情况、咨询单位情况、竞争对手情况等。只有在掌握了工程的环境和条件以后，才能做出准确的报价。

4.3 人工、材料、机械台班消耗量指标的确定

4.3.1 人工消耗量指标的确定

人工定额，也称劳动定额，是指在正常的施工技术、组织条件下，为完成一定量的合格

产品，或完成一定量的工作所预先规定的人工消耗量标准。内容包括基本用工、超运距用工、人工幅度差、辅助用工。

1. 基本用工

基本用工是指完成单位合格产品所必须消耗的技术工种用工。按技术工种相应劳动定额工时定额计算，以不同工种列出定额工日。例如：砌砖墙中的砌砖、调制砂浆、运砖等的用工。计算公式为

$$基本用工数量 = \sum（综合取定的工程量 \times 相应的劳动定额）\qquad (4\text{-}12)$$

2. 超运距用工

超运距用工是指预算定额项目中考虑的现场材料及成品、半成品堆放地点到操作地点的水平运输距离超过劳动定额规定的运输距离时所需增加的工日数。计算公式为

$$超运距 = 预算定额规定的运距 - 劳动定额规定的运距$$
$$超运距用工数量 = \sum（超运距材料数量 \times 相应的劳动定额）\qquad (4\text{-}13)$$

3. 辅助用工

辅助用工是指技术工种劳动定额内不包括而在预算定额中又必须考虑的用工。例如：筛砂子、洗石子、淋石灰膏等的用工。这类用工在劳动定额中是单独的项目，但在编制预算定额时要综合进去。计算公式为

$$辅助用工数量 = \sum（材料加工数量 \times 相应的劳动定额）\qquad (4\text{-}14)$$

4. 人工幅度差

人工幅度差是指在劳动定额作业时间没包括，而在正常施工中又不可避免的一些零星用工。这些用工不能单独列项计算，一般是综合定出一个人工幅度差系数，即增加一定比例的用工量，纳入预算定额。

人工幅度差包括的因素有：

1）工序搭接和工种交叉配合的停歇时间。

2）机械的临时维护、小修、移动而发生的不可避免的损失时间。

3）工程质量检查与隐蔽工程验收而影响工人操作的时间。

4）工种交叉作业，难免造成已完工程局部损坏而增加修理的用工时间。

5）施工中不可避免的少数零星用工需要的时间。

预算定额的人工幅度差系数一般在 10% ~ 15% 之间。

人工幅度差计算公式为：

$$人工幅度差（工日）=（基本用工 + 超运距用工 + 辅助用工）\times 人工幅度差系数$$

4.3.2　材料消耗量指标的确定

预算定额中的材料消耗量指标是指完成一定计量单位的分项工程或结构构件必须消耗的各种实体性材料和各种措施性材料的数量。按用途划分为以下四种：

1. 主要材料

主要材料是指工程中使用量大、能直接构成工程实体的材料，其中也包括半成品、成品等。如砖、水泥、砂子等。

2. 辅助材料

辅助材料也直接构成工程实体，是除主要材料外的其他材料。如铁钉、铅丝等。

3. 周转材料

周转材料是指在施工中能反复周转使用，但不构成工程实体的工具性材料。如脚手架、模板等。

4. 其他材料

其他材料是指在工程中用量较少，难以计量的零星材料。如线绳、棉纱等。

预算定额的材料消耗指标一般由材料净用量和损耗量构成。

材料消耗量的计算公式为

材料消耗量 = 材料净用量 + 材料损耗量 = 材料净用量 /（1 - 材料损耗率）　　(4-15)

其中，材料损耗率 = 材料损耗量 / 材料消耗量

4.3.3　机械台班消耗量指标的确定

机械台班消耗量指标的确定是指完成一定计量单位的分项工程或结构构件所必需的各种机械台班的消耗数量。机械台班消耗量的确定一般有两种基本方法：一种是以劳动定额的机械台班消耗量定额为基础确定的，另一种是以现场实测数据为依据确定的。

以劳动定额为基础的机械台班消耗量的确定：

这种方法以劳动定额中的机械台班消耗用量加机械台班幅度差来计算预算定额的机械台班消耗量。计算公式如下：

预算定额机械台班消耗量 = 劳动定额中机械台班用量 + 机械幅度差

= 劳动定额中机械台班用量 ×（1 + 机械幅度差系数）　　(4-16)

机械幅度差是指劳动定额规定范围内没有包括，但实际施工中又发生，必须增加的机械台班用量。主要考虑以下内容：

1）正常施工条件下不可避免的机械空转时间。

2）施工技术原因造成的中断及合理停置时间。

3）因供电供水故障及水电线路移动检修而发生的运转中断时间。

4）因气候变化或机械本身故障影响工时利用的时间。

5）施工机械转移及配套机械相互影响损失的时间。

4.4　人工、材料、机械台班单价及定额基价

4.4.1　人工日工资单价

1. 人工日工资单价组成内容

人工日工资单价由计时工资或计件工资、奖金、津贴补贴以及特殊情况下支付的工资组成。

（1）计时工资或计件工资。按计时工资标准和工作时间或对已做工作按计件单价支付给个人的劳动报酬。

（2）奖金。对超额劳动和增收节支支付给个人的劳动报酬。

（3）津贴补贴。为了补偿职工特殊或额外的劳动消耗和因其他原因支付给个人的津贴，

以及为了保证职工工资水平不受物价影响支付给个人的物价补贴。

（4）特殊情况下支付的工资。根据国家法律、法规和政策规定，因病、工伤、产假、计划生育假、婚丧假、事假、探亲假、定期休假、停工学习、执行国家或社会义务等原因按计时工资标准或计件工资标准的一定比例支付的工资。

2. 人工日工资单价的确定方法

（1）年平均每月法定工作日。由于人工日工资单价是每一个法定工作日的工资总额，因此需要对年平均每月法定工作日进行计算。计算公式为

$$年平均每月法定工作日 = （全年日历日 - 法定假日）/12 \qquad (4\text{-}17)$$

（2）人工日工资单价。确定了年平均每月法定工作日后，将上述工资总额进行分摊。

$$人工日工资单价 = [生产工作平均月工资（计时，计件） + 平均月工资$$
$$（奖金 + 津贴补贴 + 特殊情况下支付的工资）] / 年平均每月法定工作日 \qquad (4\text{-}18)$$

3. 人工日工资单价的管理

虽然施工企业投标报价时可以自主确定人工费，但由于人工日工资单价在我国具有一定的政策性，因此工程造价管理机构确定人工日工资单价应根据工程项目的技术要求，通过市场调查并参考实物的工程量人工单价综合分析确定，发布的最低人工日工资单价不得低于工程所在地人力资源和社会保障部门所发布的最低工资标准的。人工日工资一般标准：普工1.3 倍最低工资，一般技工 2 倍最低工资，高级技工 3 倍最低工资。

4.4.2　材料单价

材料单价是由材料原价（或供应价格）、材料运杂费、运输损耗费、采购及保管费合计而成的。

1. 材料原价（或供应价格）

材料原价是指国内采购材料的出厂价格，以及国外采购材料抵达买方边境、港口或车站并交纳完各种手续费、税费后形成的价格。

2. 材料运杂费

材料运杂费是指国内采购材料自来源地、国外采购材料自到岸港运至工地仓库或指定堆放地点发生的费用，含外埠中转运输过程中所发生的一切费用和过境过桥费用，包括调车和驳船费、装卸费、运输费及附加工作费等。

3. 运输损耗费

在材料的运输中应考虑一定的场外运输损耗费用，这在运输装卸过程中是不可避免的。运输损耗的计算公式为

$$运输损耗 = （材料原价 + 运杂费） × 相应材料损耗率 \qquad (4\text{-}19)$$

4. 采购及保管费

采购及保管费是指组织材料采购、检验、供应和保管过程中发生的费用，包含采购费、仓储费、工地管理费和仓储损耗费。

采购及保管费一般按照材料到库价格以费率取定，计算公式为

$$采购及保管费 = 材料运到工地仓库价格 × 采购及保管费率（\%）$$

或采购及保管费 = （材料原价 + 运杂费 + 运输损耗费） × 采购及保管费率（%）(4-20)

综上所述，材料单价的一般计算公式为

$$材料单价 = \{（供应价格 + 运杂费）\times [1 + 运输损耗率（\%）]\} \times$$
$$[1 + 采购及保管费率（\%）] \tag{4-21}$$

4.4.3 机械台班单价

1. 施工机械台班单价

施工机械使用费由下列七项费用组成：

（1）折旧费：是指施工机械在规定的耐用总台班内，陆续收回其原值的费用。

（2）检修费：是指施工机械在规定的耐用总台班内，按规定的检修间隔进行必要的检修，以恢复其正常功能所需的费用。

（3）维护费：是指施工机械在规定的耐用总台班内，按规定的维护间隔进行各级维护和临时故障排除所需的费用。

（4）安拆费及场外运费：安拆费是指施工机械在现场进行安装与拆卸所需的人工、材料、机械和试运转费用以及机械辅助设施的折旧、搭设、拆除等费用；场外运费是指施工机械整体或分体自停放地点运至施工现场或由一个施工地点运至另一个施工地点的运输、装卸、辅助材料及架线等费用。

（5）人工费：是指机上司机和其他操作人员的人工费。

（6）燃料动力费：是指施工机械在运转作业中所消耗的各种燃料及水、电费等。

（7）其他费用：是指施工机械按照国家规定应缴纳的车船使用税、保险费及年检费等。

2. 施工仪器仪表台班单价

仪器仪表使用费是指工程施工所需使用的仪器仪表的摊销及维修费用，包含有折旧费、维护费、校验费、动力费。

（1）折旧费：是指施工仪器仪表在规定的耐用总台班内，陆续收回其原值的费用。

（2）维护费：是指施工仪器仪表进行各级维护、临时故障排除所需的费用及为保证仪器仪表正常使用所需备件的维护费用。

（3）校验费：是指按国家与地方政府规定的标定与检验的费用。

（4）动力费：是指施工仪器仪表在施工过程中所耗用的电费。

4.4.4 定额基价

定额基价是指反映完成定额项目规定的单位建筑安装产品，在定额编制基期所需的人工费、材料费、施工机具施工费或其总和。

当施工图的设计要求与预算定额的项目内容一致时，可直接套用定额。

当施工图中的分项工程不能直接套用预算定额时，就需要进行定额换算。

4.5 建筑安装工程费用定额

4.5.1 建筑安装工程费用定额的概念

建筑安装工程费用定额，是有关单位规定的计算除人工费、材料（工程设备）费、施工机具使用费之外的建筑安装工程其他成本额的取费标准；通常以百分率指标表示，亦称之为"费率"。建筑安装工程费用定额是合理确定工程造价的又一重要依据。

建筑安装工程成本中，除了人工费、材料（工程设备）费、施工机具使用费之外，还须包括那些为工程建造发生的各种措施费用及企业进行施工的组织、管理和日常经营等项工作必须分摊到建筑安装工程成本中的规费与企业管理费。这部分费用涉及的内容繁多、性质复杂，对工程造价影响重大，必须在全面深入调查研究的基础上，认真慎重地分析测算，按照适用的计算基数，以百分率的形式，合理确定建筑安装工程的费用定额。

建筑安装工程费用定额必须坚持平均水平、简明、适用、勤俭节约等项原则进行编制。

4.5.2 建筑安装工程费用定额的内容

现行的建筑安装工程费用定额包括措施费费率、企业管理费费率、规费费率。

（1）措施费费率：是有关单位制订的总价措施费（不可计量的、属于组织措施的那部分措施费）所含费用项目的取费标准。总价措施费定额的主要项目包括：安全文明施工费、夜间施工费、非夜间施工照明、二次搬运费、冬雨期施工增加费、地上地下设施和建筑物的临时保护费、已完工程及设备保护等。

（2）企业管理费费率：是有关单位制订的企业管理费所含费用项目的取费标准。主要项目包括管理人员工资、办公费、差旅交通费、固定资产使用费、工具用具使用费、劳动保险和职工福利费、劳动保护费、检验试验费、工会经费、职工教育经费、财产保险费、财务费、税金、其他费用等。

（3）规费费率：包含有社会保险费，即养老保险费、失业保险费、医疗保险费、工伤保险费、生育保险费、住房公积金以及工程排污费。如出现计价规范中未列的项目，应根据省级政府或省级有关权利部门的规定列项。

4.6 工程造价信息及应用

信息是现代社会使用最多、最广、最频繁的一个词汇，不仅在人类社会生活的各个方面和各个领域被广泛使用，而且在自然界的生命现象与非生命现象研究中也被广泛采用。按狭义理解，信息是一种消息、信号、数据或资料；按广义理解，信息被认为是物质的一种属性，是物质存在方式和运动规律与特点的表现形式。进入现代社会以后，信息逐渐被人们所认识，其内涵越来越丰富，外延越来越广阔。在工程造价管理领域，信息也有属于它自己的定义。

4.6.1 工程造价信息

工程造价信息是一切有关工程造价的特征、状态及其变动的消息的组合。在工程发承包市场和工程建设过程中，工程造价总是在不停地运动和变化着，并呈现出多种不同特征。人们对工程发承包市场和工程建设过程中工程造价运动的变化，是通过工程造价信息来认识和掌握的。

在工程发承包市场和工程建设中，工程造价是最灵敏的调节器和指示器，无论是政府工程造价主管部门还是工程发承包者，都要通过接收工程造价信息来了解工程建设市场动态，预测工程造价发展，决定政府的工程造价政策和工程发承包价。因此，工程造价主管部门和工程发承包者都要接收、加工、传递和利用工程造价信息，工程造价信息作为一种社会资源在工程建设中的地位日趋明显，特别是随着我国逐步开始推行工程量清单计价制度，工程价格从政府计划的指令性价格向市场定价转化，而在市场定价的过程中，信息起着举足轻重的作用，因此工程造价信息资源开发的意义更为重要。

1. 工程造价信息分类

（1）分类原则。

①稳定性；②兼容性；③可扩展性；④综合实用性。

（2）按信息来源分类。按照信息的来源分类，可以简单分为社会信息和企业内部信息两大类。

1）社会信息。

①政府机构所发布的与建筑工程造价相关的各类法律法规和文件，各级造价管理机关所发布的定额、价格、调价文件以及定额解释文件等。这些政府机构所发布的造价信息是建筑工程造价管理人员确定工程造价和控制工程造价的基础和依据。

②各类造价中介机构或研究机构所发布的建筑工程造价指标、指数、典型工程案例分析资料等。中介机构或研究机构所发布的这些造价信息，通常经过了比较科学、严谨的细致分析和测算，基本能够代表工程不同类型、不同阶段和不同时期的价格水平。经过适当的调整后，这些资料可以用于前期的投资估算，也可作为进行各阶段造价审核的参考。

③商业公司所提供的各类资源的市场价格信息。随着建筑市场的逐渐开放，资源的价格信息只能依据市场。这些价格信息的最直接、最准确的来源应该是资源供应厂商。这些资源供应厂商包括劳务分包公司、建材供应厂商、设备供应厂商等。还包括社会上的商业公司针对市场价格信息而提供的价格信息杂志及价格信息网站等。

2）企业内部信息。

①企业自有的工程投标、造价控制和工程结算历史资料。这些资料应该经过适当的分类整理和分析，使其能够代表企业自己的消耗水平和管理水平，并且便于查询和调用。如果具备条件，可以由专门的部门进行持续管理形成企业内部的消耗定额。企业自身的消耗标准是企业最重要的造价信息资料，是企业进行投标报价、成本控制的重要依据。

②企业的资源价格数据。资源价格主要包括劳动力、材料、机械设备等的价格。企业的资源价格数据受市场因素影响，有周期短、变化快的特点。因此，在激烈的市场竞争环境中，企业除了利用社会上的各类价格信息资料外，更重要的是应该投入力量建立自己的资源价格管理体系和价格数据库。利用此价格数据库和企业自己的消耗标准，再参考各类社会上的造价信息，使企业在投标报价和成本控制的过程中能做到快捷高效，有凭有据。

（3）按信息性质分类。按照信息性质分类，建筑工程造价信息可以分为消耗标准类、价格信息类和法规文件类。

1）消耗标准类主要包括造价管理机关所发布的消耗定额，如国家基础定额、各地和各行业的各类定额等；企业内部消耗标准，如企业的历史资料、企业内部定额等；中介机构或研究机构所发布的消耗性标准及消耗指标等。

2）价格信息类包括劳动力价格、材料价格、机械租赁价格、设备购置价格以及专业分包价格等。其主要来源是政府机构、造价管理机关、中介公司和商业公司所发布的价格信息、价格指标指数信息、厂商的直接报价等，也包括企业自已组织采集的各类价格信息。这些信息所采用的介质可能是书面的杂志刊物、报价单，也可能是电子信息、网站数据库等。

3）法规文件类主要包括政府机构或造价管理机关所发布的各类建设工程造价管理和调价文件等。

（4）按造价信息管理系统分类。按照造价信息管理系统分类，建筑工程造价信息可以分为定额管理系统、价格管理系统、造价确定系统、造价控制系统。

2. 工程造价信息内容

（1）价格信息。包括各种建筑材料、装修材料、安装材料、人工工资、施工机械等的最新市场价格。这些信息是比较初级的，一般没有经过系统的加工处理，也可以称其为数据。

1）人工价格信息又分为两类：建筑工程实物工程量人工价格信息和建筑工种人工成本信息。

2）在材料价格信息的发布中，应披露材料类别、规格、单价、供货地区、供货单位以及发布日期等信息。

3）机械价格信息。机械价格信息包括设备市场价格信息和设备租赁市场价格信息两部分。相对而言，后者对于工程计价更为重要。

（2）指数。主要是指根据原始价格信息加工整理得到的各种工程造价指数。工程造价指数可以分为各种单项价格指数，设备及工具、器具价格指数，建筑安装工程造价指数，建设项目或单项工程造价指数。工程造价指数也可以根据造价资料的期限长短来分类，分为时点造价指数、月指数、季指数和年指数。

1）各种单项价格指数。各种单项价格指数是其中包括反映各类工程的人工费、材料费、施工机械使用费在报告期对基期价格的变化程度的指标。各种单项价格指数属于个体指数（个体指数是反映个别现象变动情况的指数），编制比较简单。例如，直接费指数、间接费指数、工程建设其他费用指数等的编制可以直接用报告期费率与基期费率之比求得。

2）设备及工具、器具价格指数。总指数用来反映不同度量单位的许多商品或产品所组成的复杂现象在总体方面的总动态。综合指数是总指数的基本形式。综合指数可以把各种不能直接相加的现象还原为价值形态，先综合（相加），再对比（相除），从而反映观测对象的变化趋势。设备及工具、器具由不同规格、不同品种组成，因此，设备及工具、器具价格指数属于总指数。由于采购数量和数据无论是在基期还是报告期都很容易获得，因此，设备及工具、器具价格指数可以用综合指数的形式来表示。

3）建筑安装工程造价指数。建筑安装工程造价指数是一种综合指数。建筑安装工程造价指数包括人工费指数、材料费指数、施工机械使用费指数、措施费指数、间接费指数等各项个体指数。建筑安装工程造价指数的特点是既复杂又涉及面广，利用综合指数计算分析难度大。可以用各项个体指数加权平均后的平均数指数表示。

4）建设项目或单项工程造价指数。建设项目或单项工程造价指数是由设备及工具、器具价格指数，建筑安装工程价格指数，工程建设其他费用指数综合得到的。建设项目或单项工程造价指数是一种总指数，用平均数指数表示。

（3）已完工程信息。已完或在建工程的各种造价信息，可以为拟建工程或在建工程造价提供依据。这种信息也可称为是工程造价资料。

4.6.2　工程造价信息的应用

（1）作为编制固定资产投资计划的参考，用做建设成本分析。由于固定资产投资不是一次性投入，而是分年逐次投入，可以采用下面的公式把各年发生的建设成本折合为现值：

$$z = \sum_{k=1}^{n} T_k (1 + i)^{-k} \tag{4-22}$$

式中　z——建设成本现值；

　　　T_k——建设期间第 k 年投入的建设成本；

　　　k——实际建设工期年限；

　　　i——社会折现率。

在这个基础上，还可以用以下公式计算出建设成本降低额和建设成本降低率（当两者为负数时，表明的是成本超支的情况）：

$$建设成本降低额 = 批准概算现值 - 建设成本现值 \tag{4-23}$$

$$建设成本降低率 = \frac{建设成本降低额}{批准概算} \times 100\% \tag{4-24}$$

还可以按建设成本构成把实际数与概算数加以对比。对于建筑安装工程投资，要分别从实物工程量定额和价格两方面对实际数与概算数进行对比。对设备及工具、器具投资，则要从设备规格数量、设备实际价格等方面与概算进行对比。各种比较的结果综合在一起，可以比较全面地描述项目投入实施的情况。

（2）进行单位生产能力投资分析。单位生产能力投资的计算公式为

$$单位生产能力投资 = \frac{全部投资完成额（现值）}{全部新增生产能力（使用能力）} \tag{4-25}$$

在其他条件相同的情况下，单位生产能力投资越小则投资效益越好。计算的结果可与类似的工程进行比较，从而评价该建设工程的效益。

（3）用做编制投资估算的重要依据。设计单位的设计人员在编制估算时一般采用类比的方法，因此，需要选择若干个类似的典型工程加以分解、换算和合并，并考虑到当前的设备与材料价格情况，最后得出工程的投资估算额。有了工程造价资料数据库，设计人员就可以从中挑选出所需要的典型工程，运用计算机进行适当的分解与换算，再加上设计人员的判断经验，最后得出较为可靠的工程投资估算额。

（4）用做编制初步设计概算和审查施工图造价的重要依据。在编制初步设计概算时，有时要用类比的方式进行编制。这种类比法比估算法要细致深入，可以具体到单位工程甚至分部工程的水平上。在限额设计和优化设计方案的过程中，设计人员可能要反复修改设计方案，每次修改都希望能得到相应的概算，具有较多的典型工程资料是十分有益的。多种工程组合的比较不仅有助于设计人员探索造价分配的合理方式，还为设计人员指出修改设计方案的可行途径。

施工图造价编制完成之后，需要有经验的造价管理人员来审查，以确定其正确性。可以通过造价资料的运用来得到帮助。可从造价资料中选取类似资料，将其造价与施工图造价进行比较，从中发现施工图造价是否有偏差和遗漏。由于设计变更、材料调价等因素所带来的

造价变化，在施工图造价阶段通常无法事先估计到，此时参考以往类似工程的数据，有助于预见到这些因素发生的可能性。

（5）用做确定标底和投标报价的参考资料。在为建设单位制定标底或施工单位投标报价的工作中，无论是用工程量清单计价还是用定额计价法，尤其是工程量清单计价，工程造价信息都可以发挥重要作用。它可以向甲、乙双方指明类似工程的实际造价及其变化规律，使得甲、乙双方都可以对未来将要发生的造价进行预测和准备，从而避免标底和报价的盲目性。

（6）用做技术经济分析的基础资料。由于不断地收集和积累工程在建期间的造价信息，所以到结算和决算时能简单、容易地得出结果。由于造价信息的及时反馈，使得建设单位和施工单位都可以尽早地发现问题，并及时予以解决。这也正是使对造价的控制由静态转入动态的关键所在。

（7）用做编制各类定额的基础资料。通过分析不同种类分部（分项）工程造价，了解各分部（分项）工程中各类实物量消耗，掌握各分部（分项）工程造价和结算的对比结果，定额管理部门就可以发现原有定额是否符合实际情况，从而提出修改的方案。对于新工艺和新材料，也可以从积累的资料中获得编制新增定额的有用信息。概算定额和估算指标的编制与修订，也可以从造价资料中得到参考依据。

（8）用以测定调价系数，编制造价指数。为了计算各种工程造价指数（如材料费价格指数，人工费价格指数，直接费价格指数，建筑安装工程价格指数，设备及工具、器具价格指数，工程造价指数，投资总量指数等），必须选取若干个典型工程的数据进行综合分析，在此过程中，已经积累起来的造价信息可以充分发挥作用。

（9）用以研究同类工程造价的变化规律。定额管理部门可以在拥有较多的同类工程造价信息的基础上，研究出多种工程造价的变化规律。

第 5 章 工程决策和设计阶段造价管理

5.1 工程决策和设计阶段造价管理工作程序和内容

5.1.1 工程决策阶段造价管理工作程序和内容

1. 投资决策含义

建设工程项目投资决策是选择和决定投资行动方案的过程，是指建设工程项目投资者按照自己的意图和目的，在调查、分析和研究的基础上，对投资规模、投资方向、投资结构、投资分配以及投资项目的选择和布局等方面进行分析研究，在一定约束条件下，对拟建项目的必要性和可行性进行技术经济论证，对不同建设方案进行技术经济分析、比较及做出判断和决定的过程。

2. 投资决策的工作程序

①机会研究阶段；②编制项目建议书（初步可行性研究阶段，确定是否进行详细可行性研究）；③详细可行性研究阶段（提出项目建设方案；进行效益分析和最终方案选择；确定项目投资的最终可行性和选择依据标准）；④项目评估阶段；⑤项目决策审批阶段（对是否建设、何时建设进行审批和决策）。

3. 可行性研究概念和作用

项目的可行性研究，是根据市场需求和国民经济长期发展规划、地区发展规划和行业发展规划的要求，对与拟建项目有关的市场、社会、经济、技术等各方面情况进行深入细致的调查研究，对各种可能拟订的技术方案和建设方案进行认真的技术经济分析和比较论证，对项目建成后的经济效益和社会效益进行科学的预测和评价。在此基础上，对拟建项目的技术先进性和适用性、经济合理性和有效性等进行全面分析、系统论证、多方案比较。从而对确定建设工程项目是否可行以及选择最佳实施方案等作出结论性意见，为投资决策提供科学依据。

可行性研究作用如下：

（1）投资决策的依据。

（2）编制设计文件的依据。

（3）筹集资金和向金融机构贷款的依据。

（4）建设单位与各协作单位签订合同和有关协议的依据。

（5）项目后评估的依据。

5.1.2 工程设计阶段造价管理工作程序和内容

1. 限额设计

（1）工作内容。

1）投资决策阶段：投资决策阶段是限额设计的关键，应在多方案技术经济分析和评价后确定最终方案，提高投资估算的准确性，合理确定限额设计目标。

2）初步设计阶段：将设计概算控制在投资估算范围内。

3）施工图设计阶段：施工图设计预算需控制在批准的设计概算范围内。

（2）实施程序。

1）目标制订：造价目标、质量目标、进度目标、安全目标和环境目标。

2）目标分解：分解造价目标是实施限额设计的有效途径和主要方法。

3）目标推进：分为限额初步设计阶段和限额施工图设计阶段。

2. 设计方案的评价与优化

（1）基本程序。

①建立可能的设计方案；②初步筛选；③确定评价目标；④建立指标体系；⑤计算指标及参数；⑥方案分析与评价；⑦方案技术优化建议；⑧优化方案分析与评价；⑨实施优化方案。

（2）评价指标体系。

①使用价值指标，即工程项目满足需要功能的指标；②反映创造使用价值所消耗的社会劳动消耗量的指标。

（3）评价方法。

1）多指标法：①工程造价指标；②主要材料消耗指标；③劳动消耗指标；④工期指标。

2）单指标法即综合费用法：将建设投资和使用费用结合起来考虑，同时考虑建设周期对投资效益的影响，以综合费用最小为最佳方案，是一种静态价值指标评价方法。

3）全寿命周期费用法：是一种动态价值指标评价方法，不用净现值法，而用年度等值法，以年度费用最小者为最优方案。

4）价值工程法。

5）多因素评分优选法：综合了定量分析评价与定性分析评价的特点，其可靠性高、应用广泛。

3. 概预算文件的审查

（1）设计概算的审查。设计概算的审查内容包括：概算编制依据、概算编制深度及概算主要内容三个方面。

对设计概算编制依据的审查：

1）审查编制依据的合法性。设计概算采用的编制依据必须经过国家和授权机关的批准，符合概算编制的有关规定。同时，不得擅自提高概算定额、指标或费用标准。

2）审查编制依据的时效性。设计概算所使用的各类依据，例如定额、指标、价格、取费标准等，都应根据国家有关部门的规定进行。

3）审查编制依据的适用范围。各主管部门规定的各类专业定额及其取费标准，仅适用于该部门的专业工程；各地区规定的各种定额及其取费标准，只适用于该地区范围内，特别是地区的材料预算价格应按工程所在地区的具体规定执行。

（2）施工图预算的审查。施工图预算的审查内容，重点应审查：工程量的计算；定额的使用；设备材料及人工、机械价格的确定；相关费用的选取和确定。

5.2 投资估算编制

5.2.1 投资估算的含义和内容

1. 投资估算的含义

投资估算是在投资决策阶段，以方案设计或可行性研究文件为依据，按照规定的程序、方法和依据，对拟建项目所需总投资及其构成进行的预测和估计；是在研究并确定项目的建设规模、产品方案、技术方案、工艺技术、设备方案、厂址方案、工程建设方案以及项目进度计划等的基础上，依据特定的方法，估算项目从筹建、施工直至建成投产所需全部建设资金总额并测算建设期各年资金使用计划的过程。投资估算的成果文件被称作投资估算书，简称为投资估算。投资估算书是项目建议书或可行性研究报告的重要组成部分，是项目决策的重要依据之一。

投资估算的准确与否不仅影响到可行性研究工作的质量和经济评价结果，而且直接关系到下一阶段设计概算和施工图预算的编制，以及建设项目的资金筹措方案。因此，全面准确地估算建设项目的工程造价，是可行性研究乃至整个决策阶段造价管理的重要任务。

2. 投资估算指标的内容

投资估算指标是确定和控制建设项目全过程各项投资支出的技术经济指标，其范围涉及建设前期、建设实施期和竣工验收交付使用期等各个阶段的费用支出，内容因行业不同而各异，一般可分为建设项目综合指标、单项工程指标和单位工程指标三个层次。

（1）建设项目综合指标。建设项目综合指标是指按规定应列入建设项目总投资的，从立项筹建开始至竣工验收交付使用的全部投资额，包括单项工程投资、工程建设其他费用和预备费等，如图 5-1 所示。

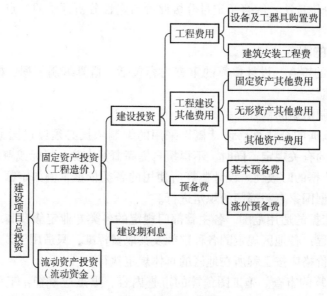

图 5-1   建设项目总投资

建设项目综合指标一般以项目的综合生产能力的单位投资表示，例如"元/t"，或使用功能表示，如"医院床位——元/床"。

（2）单项工程指标。单项工程指标是指按规定应列入能独立发挥生产能力或使用效益的单项工程内的全部投资额，包括建筑工程费、安装工程费，以及设备及工具、器具及生产家具购置费和其他费用。单项工程一般划分原则如下：

1）主要生产设施。是指直接参加生产产品的工程项目，包括生产车间和生产装置。

2）辅助生产设施。是指为主要生产车间服务的工程项目，包括集中控制室、中央实验室，以及机修、电修、仪器仪表修理及木土（模）等车间，原材料、半成品、成品及危险品等仓库。

3）公用工程。包括给水排水系统，供热系统，供电及通信系统以及热电站、热力站、煤气站、空气压缩机站、冷冻站、冷却塔和全场管网等。

4）环境保护工程。包括废气、废渣、废水等的处理和综合利用设施及全厂性绿化。

5）总图运输工程。包括场区防洪、围墙大门、传达及收发室、汽车库、消防车库、厂区道路、桥涵、厂区码头及厂区大型土石方工程。

6）厂区服务设施。包括厂部办公室、厂区食堂、医务室、浴室、哺乳室、自行车棚等。

7）生活福利设施。包括职工宿舍、住宅、生活区食堂、职工医院、俱乐部、托儿所、子弟学校、商业服务点以及与之配套的设备。

8）厂外工程。包括水源工程，场外输电、输水、排水、通信、输油等管线以及公路、铁路专用线等。

单项工程指标一般以单项工程生产能力的单位投资表示。

（3）单位工程指标。单位工程指标是指按规定应列入能独立设计、施工的工程项目的费用，即建筑安装工程费用。

投资估算指标的编制原则：由于投资估算指标属于项目建设前期进行估算投资的技术经济指标，不但要反映实施阶段的静态投资，还必须反映项目建设前期和交付使用期内发生的动态投资，以投资估算指标为依据编制的投资估算，包含项目建设的全部投资额。这要求投资估算指标要比其他各种计价定额具有更大的综合性和概括性。因此，投资估算指标的编制工作，除了应遵循一般定额的编制原则外，还必须坚持以下原则：

1）投资估算指标项目的确定，应考虑以后几年编制建设项目建议书和可行性研究报告投资估算的需要。

2）投资估算指标的分类、项目划分、项目内容、表现形式等要结合各专业的特点，并且要与项目建议书、可行性研究报告的编制深度相适应。

3）投资估算指标的编制内容、典型工程的选择，必须遵循国家的有关建设方针政策，符合国家技术发展方向，贯彻国家高科技政策和发展方向原则，使指标的编制既能反映现实的高科技成果，反映正常建设条件下的造价水平，也能适应今后若干年的科技发展水平。

4）投资估算指标的编制要反映不同行业、不同项目和不同工程的特点，投资估算指标要适应项目前期工作深度的需要，而且要具有更大的综合性。投资估算指标的编制必须密切结合行业特点以及项目建设的特定条件。在内容上既要贯彻指导性、准确性和可调性的原则，又要具有一定的深度和广度。

5）投资估算指标的编制要体现国家对固定资产投资实施间接调控作用的特点，要贯彻"能分能合、有粗有细、细算粗编"的原则。

6）投资估算指标的编制要贯彻静态和动态相结合的原则。在市场经济条件下，由于建设条件、实施时间、建设期限等因素的不同，导致指标的量差、价差、利息差、费用差等"动态"因素对投资估算产生影响，对上述动态因素要给予必要的调整办法和调整参数，尽可能减少这些动态因素对投资估算准确度的影响，使指标具有较强的实用性和可操作性。

5.2.2 投资估算的作用及原则

1. 投资估算的作用。

（1）在项目建设书、可行性研究报告文件中，投资估算是研究、分析、计算项目投资经济效益的重要条件，是项目经济评价的基础。

（2）项目建议书阶段的投资估算是多方案比选、优化设计、合理确定项目投资的基础。是项目主管部门审批项目的依据之一，并对项目的规划、规模起参考作用，从经济上判断项目是否应列入投资计划。

（3）项目可行性研究阶段的投资估算是方案选择和投资决策的重要依据，是确定项目投资水平的依据，是正确评价建设项目投资合理性的基础。

（4）项目投资估算对工程设计概算起控制作用。在可行性研究报告被批准之后，其投资估算额作为设计任务书中下达的投资限额，即作为建设项目投资的最高限额，一般不得随意突破，用以对各设计专业实行投资切块分配，作为控制和指导设计的尺度或标准。

（5）项目投资估算是项目资金筹措及制订建设贷款计划的依据，建设单位可根据批准的项目投资估算额，进行资金筹措和向银行申请贷款。

（6）项目投资估算是核算建设项目固定资产投资需要额和编制固定资产投资计划的重要依据。

2. 投资估算的原则。

投资估算是拟建项目前期可行性研究的重要内容，是经济效益评价的基础，是项目决策的重要依据。估算质量如何，将决定项目能否纳入投资建设计划。因此，在编制投资估算时应符合下列原则：

（1）"实事求是"的原则。

（2）"从实际出发，深入开展调查研究，掌握第一手资料，不能弄虚作假"的原则。

（3）"合理利用资源，使效益最高"的原则。在市场经济环境中，利用有限经费和有限的资源，尽可能满足需要。

（4）"尽量做到快、准"的原则。一般投资估算误差都比较大，通过艰苦细致的工作，加强研究，积累资料，尽量做到"又快、又准"地拿出项目的投资估算。

（5）"适应高科技发展"的原则。从编制投资估算角度出发，在资料收集，信息储存、处理、使用，以及编制方法的选择和编制过程中，应逐步实现计算机化、网络化。

5.2.3 投资估算的编制依据、要求及步骤

1. 投资估算的编制依据

建设项目投资估算编制依据是指在编制投资估算时所遵循的计量规则、市场价格、费用

标准及工程计价有关参数、率值等基础资料，主要有以下几个方面：

（1）国家、行业和地方政府的有关法律法规或规定；政府有关部门、金融机构等发布的价格指数、利率、汇率、税率等有关参数。

（2）行业部门、项目所在地工程造价管理机构或行业协会等编制的投资估算指标、概算指标（定额）、工程建设其他费用定额（规定）、综合单价、价格指数和有关造价文件等。

（3）类似工程的各种技术经济指标和参数。

（4）工程所在地同期的人工、材料、机械市场价格，建筑、工艺及附属设备的市场价格和有关费用。

（5）与建设项目有关的工程地质资料、设计文件、图纸或有关设计专业提供的主要工程量和主要设备清单等。

（6）委托单位提供的其他技术经济资料。

2. 投资估算的编制要求

建设项目投资估算编制时，应满足以下要求：

（1）应委托有相应工程造价咨询资质的单位编制。投资估算编制单位应在投资估算成果文件上签字和盖章，对成果质量负责并承担相应责任；工程造价人员应在投资估算编制的文件上签字和盖章，并承担相应责任。由几个单位共同编制投资估算时，委托单位应确定主编单位，并由主编单位负责投资估算编制原则的制定及汇编总估算，其他参编单位负责所承担的单项工程等的投资估算编制。

（2）应根据主体专业设计的阶段和深度，结合各自行业的特点，所采用生产工艺流程的成熟性，以及编制单位所掌握的国家及地区、行业或部门相关投资估算基础资料和数据的合理、可靠、完整程度，采用合适的方法，对建设项目投资估算进行编制。

（3）应做到工程内容和费用构成齐全、不漏项，不提高或降低估算标准，计算合理，不少算、不重复计算。

（4）应充分考虑拟建项目设计的技术参数和投资估算所采用的估算系数、估算指标，在"质和量"方面所综合的内容应遵循"口径一致"的原则。

（5）投资估算应参考相应工程造价管理部门发布的投资估算指标，依据工程所在地市场价格水平，结合项目实体情况及科学合理的建造工艺，全面反映建设项目建设前期和建设期的全部投资。对于建设项目的边界条件，例如建设用地费和外部交通、水、电、通信条件，或市政基础设施配套条件等差异所产生的与主要生产内容投资无必然关联的费用，应结合建设项目的实际情况进行修正。

（6）应对影响造价变动的因素进行敏感性分析，分析市场的变动因素，充分估计物价上涨因素和市场供求情况对项目造价的影响，确保投资估算的编制质量。

（7）投资估算精度应能满足控制初步设计概算要求，并尽量减少投资估算的误差。

3. 投资估算的编制步骤

根据投资估算的不同阶段，主要包括项目建议书阶段及可行性研究阶段的投资估算。可行性研究阶段的投资估算的编制一般包含静态投资部分、动态投资部分与流动资金估算，主要包括以下步骤：

（1）分别估算各单项工程所需建筑工程费、设备及工器具购置费、安装工程费，在汇总各单项工程费用的基础上，估算工程建设其他费用和基本预备费，完成工程项目静态投资部分的估算。

（2）在静态投资部分估算的基础上，估算价差预备费和建设期利息，完成工程项目动态投资部分的估算。

（3）估算流动资金。

（4）估算建设项目总投资。

5.2.4　投资估算的方法

1. 静态投资部分的估算方法

静态投资部分估算的方法有很多种，各有其适用的条件和范围，而且误差程度也不相同。一般情况下，应根据项目的性质、占有的技术经济资料，以及数据的具体情况，选用适宜的估算方法。在项目建议书阶段，投资估算的精度较低，可采取简单的匡算法，例如生产能力指数法、系数估算法、比例估算法或混合法等，在条件允许时，也可采用指标估算法；在可行性研究阶段，投资估算精度要求高，需采用相对详细的投资估算方法，即指标估算法。

（1）项目建议书阶段投资估算方法。

1）生产能力指数法。生产能力指数法又称指数估算法，是根据已建成的类似项目生产能力和投资额来粗略估算同类但生产能力不同的拟建项目静态投资额的方法。

2）系数估算法。系数估算法也称为因子估算法，是以拟建项目的主体工程费或主要设备购置费为基数，以其他辅助配套工程费与主体工程费或设备购置费的百分比为系数，依此估算拟建项目静态投资的方法。本方法主要应用于设计深度不足，拟建项目与类似建设项目的主体工程费或主要设备购置费比重较大，行业内相关系数等基础资料完备的情况。常用的方法有设备系数法和主体专业系数法，世界银行项目投资估算常用的方法是朗格系数法。

3）比例估算法。比例估算法是根据已知的同类建设项目主要设备购置费占整个建设项目的投资比例，先逐项估算出拟建项目主要设备购置费，再按比例估算拟建项目的静态投资的方法。本方法主要应用于设计深度不足、拟建项目与类似建设项目的主要设备购置费比重较大、行业内相关系数等基础资料完备的情况。

4）混合法。混合法是根据主体专业设计的阶段和深度、投资估算编制者所掌握的国家及地区、行业或部门相关投资估算基础资料和数据，以及其他统计和积累的可靠的相关造价基础资料，对一个拟建项目采用生产能力指数法与比例估算法，或系数估算法与比例估算法混合估算其静态投资额的方法。

（2）可行性研究阶段投资估算方法。指标估算法是投资估算的主要方法，为了保证编制精度，可行性研究阶段建设项目投资估算原则上应采用指标估算法。指标估算法是指依据投资估算指标，对各单位工程或单项工程费用进行估算，进而估算建设项目总投资的方法。首先把拟建项目以单项工程或单位工程为单位，按建设内容纵向划分为各个主要生产系统、辅助生产系统、公用工程、服务性工程、生活福利设施，以及各项其他工程费用；同时，按费用性质横向划分为建筑工程、设备购置、安装工程等。然后，根据各种具体的投资估算指标，进行各单位工程或单项工程投资的估算，在此基础上汇集编制成拟建项目的各个单项工程费用和拟建项目的工程费用投资估算。最后，再按相关规定估算工程建设其他费、基本预备费等形成拟建项目静态投资。

在条件具备时，对于对投资有重大影响的主体工程应估算出分部（分项）工程量，套用相关综合定额（概算指标）或概算定额进行编制。对于子项单一的大型民用公共建筑，主要单项工程估算应细化到单位工程估算书。无论如何，可行性研究阶段投资估算应满足项目的可行性研究与评估，并最终满足国家和地方相关部门批复或备案的要求。

2. 动态投资部分的估算方法

动态投资部分包括价差预备费和建设期利息两部分。动态投资部分的估算应以基准年静态投资的资金使用计划为基础来计算，而不是以编制年的静态投资为基础计算。

3. 流动资金的估算

流动资金是指项目运营需要的流动资产投资，指生产经营性项目投产后，为进行正常生产运营，用于购买原材料、燃料，支付工资及其他经营费用等所需的周转资金。流动资金估算一般采用分项详细估算法，个别情况或者小型项目可采用扩大指标法。

5.2.5　投资估算文件的编制

1. 建设投资估算表的编制

建设投资是项目投资的重要组成部分，也是项目财务分析的基础数据。当估算出建设投资后需编制建设投资估算表，按照费用归集形式，建设投资可按概算法或按形成资产法分类。

（1）概算法。按照概算法分类，建设投资由工程费用、工程建设其他费用和预备费三部分构成。其中工程费用又由建筑工程费，以及设备及工具、器具购置费和安装工程费构成；工程建设其他费用内容较多，随行业和项目的不同而有所区别；预备费包括基本预备费和价差预备费。按照概算法编制的建设投资估算表见表5-1。

表 5-1　建设投资估算表（概算法）

（人民币单位：万元　外币单位：）

序号	工程或费用名称	估算价值/万元				技术经济指标		
		建筑工程费	设备购置费	安装工程费	工程建设其他费用	合计	其中：外币	比例（%）
1	工程费用							
1.1	主体工程							
1.1.1	×××							
1.2	辅助工程							
1.2.1	×××							
	…							
1.3	公用工程							
1.3.1	×××							
	…							
1.4	服务性工程							
1.4.1	×××							
1.5	厂外工程							
1.5.1	×××							

（续）

序号	工程或费用名称	估算价值/万元				技术经济指标		
		建筑工程费	设备购置费	安装工程费	工程建设其他费用	合计	其中：外币	比例（%）
1.6	×××							
2	工程建设其他费用							
2.2.1	×××							
	...							
3	预备费							
3.1	基本预备费							
3.2	价差预备费							
4	建设投资合计							
	比例（%）							

（2）形成资产法。按照形成资产法分类，建设投资由形成固定资产的费用、形成无形资产的费用、形成其他资产的费用和预备费四部分组成。固定资产费用是指项目投产时直接形成固定资产的建设投资，包括工程费用和工程建设其他费用中按规定形成固定资产的费用，后者被称为固定资产其他费用，主要包括建设管理费、可行性研究费、研究试验费、勘察设计费、专项评价及验收费、场地准备及临时设施费、引进技术和引进设备其他费、工程保险费、联合试运转费、特殊设备安全监督检验费和市政公用设施建设及绿化费等；无形资产费用是指直接形成无形资产的建设投资，主要是专利权、非专利技术、商标权、土地使用权和商誉等；其他资产费用是指建设投资中除形成固定资产和无形资产以外的部分，如生产准备费及开办费等。

对于土地使用权的特殊处理：按照有关规定，在尚未开发或建造自用项目前，土地使用权作为无形资产核算，房地产开发企业开发商品房时，将其账面价值转入开发成本；企业建造自用项目时将其账面价值转入在建工程成本。因此，为了与以后的折旧和摊销计算相协调，在建设投资估算表中通常可将土地使用权直接列入固定资产其他费用中。按形成资产法编制的建设投资估算表，见表5-2。

表5-2　建设投资估算表（形成资产法）

（人民币单位：万元　外币单位：）

序号	工程或费用名称	估算价值/万元				技术经济指标		
		建筑工程费	设备购置费	安装工程费	工程建设其他费用	合计	其中：外币	比例（%）
1	固定资产费用							
1.1	工程费用							
1.1.1	×××							
1.1.2	×××							
1.1.3	×××							

（续）

序号	工程或费用名称	估算价值/万元				技术经济指标		
		建筑工程费	设备购置费	安装工程费	工程建设其他费用	合计	其中：外币	比例（%）
1.2	固定资产其他费用							
	×××							
2	无形资产费用							
2.1	×××							
	…							
3	其他资产费用							
3.1	×××							
	…							
4	预备费							
4.1	基本预备费							
4.2	价差预备费							
5	建设投资合计							
	比例（%）							

2. 建设期利息估算表的编制

在估算建设期利息时，需要编制建设期利息估算表，见表 5-3。建设期利息估算表主要包括建设期发生的各项借款及其债券等项目，期初借款余额等于上年借款本金和应计利息之和，即上年期末借款余额；其他融资费用主要是指融资中发生的手续费、承诺费、管理费、信贷保险费等融资费用。

表 5-3　建设期利息估算表　　　　（人民币单位：万元）

序号	项目	合计/万元	建设期					
			1	2	3	4	…	n
1	借款							
1.1	建设期利息							
1.1.1	期初借款余额							
1.1.2	当期借款							
1.1.3	当期应计利息							
1.1.4	期末借款余额							
1.2	其他融资费用							
1.3	小计（1.1 + 1.2）							
2	债券							
2.1	建设期利息							
2.1.1	期初债务余额							
2.1.2	当期债务金额							

（续）

序号	项目	合计/万元	建设期					
			1	2	3	4	…	n
2.1.3	当期应计利息							
2.1.4	期末债务余额 i							
2.2	其他融资费用							
2.3	小计（2.1+2.2）							
3	合计（1.3+2.3）							
3.1	建设期利息合计（1.1+2.1）							
3.2	其他融资费用合计（1.2+2.2）							

3. 流动资金估算表的编制

在可行性研究阶段，根据详细估算法估算的各项流动资金估算的结果，编制流动资金估算表，见表5-4。

表5-4　流动资金估算表 （人民币单位：万元）

序号	项　　目	最低周转天数/d	周转次数/次	计算期					
				1	2	3	4	…	n
1	流动资金								
1.1	应收账款								
1.2	存货								
1.2.1	原材料								
1.2.2	×××								
	…								
1.2.3	燃料								
1.2.4	×××								
	…								
1.2.5	在产品								
1.2.6	产成品								
1.3	现金								
1.4	预付账款								
2	流动负债								
2.1	应付账款								
2.2	预收账款								
3	流动资金（1—2）								
4	流动资金当期增加额								

4. 单项工程投资估算汇总表的编制

按照指标估算法，在可行性研究阶段，根据各种投资估算指标，进行各单位工程或单项工程投资的估算。单项工程投资估算应按建设项目划分的各个单项工程分别计算组成工程费用的建筑工程费以及设备及工具、器具购置费和安装工程费。形成单项工程投资估算汇总表，见表5-5。

表 5-5　单项工程投资估算汇总表

工程名称：

序号	工程和费用名称	估算价值/万元						技术经济指标			
		建筑工程费	设备及工具、器具购置费	安装工程费		其他费用	合计	单位	数量	单位价值	（%）
				安装费	主材费						
一、	工程费用										
（一）	主要生产系统										
1	××车间										
	一般土建及装修										
	给水排水										
	采暖										
	通风空调										
	照明										
	工艺设备及安装										
	工艺金属结构										
	工艺管道										
	工艺筑炉及保温										
	工艺非标准件										
	变配电设备及安装										
	仪表设备及安装										
	…										
	小计										
	…										
2	×××										
	…										

5. 项目总投资估算汇总表的编制

将上述投资估算内容和估算方法所估算的各类投资进行汇总，编制项目总投资估算汇总表，见表5-6。项目建议书阶段的投资估算一般只要求编制总投资估算表。总投资估算表中工程费用的内容应分解到主要单项工程；工程建设其他费用可在总投资估算表中分项计算。

表 5-6　项目总投资估算汇总表

工程名称：

序号	费用名称	估算价值/万元					技术经济指标			
		建筑工程费	设备及工具、器具购置费	安装工程费	其他费用	合计	单位	数量	单位价值	比例（%）
一、	工程费用									
（一）	主要生产系统									

（续）

序号	费用名称	估算价值/万元					技术经济指标			
		建筑工程费	设备及工具、器具购置费	安装工程费	其他费用	合计	单位	数量	单位价值	比例（%）
1	××车间									
2	××车间									
3	…									
（二）	辅助生产系统									
1	××车间									
2	××仓库									
3	…									
（三）	公用及福利设施									
1	变电所									
2	锅炉房									
3	…									
（四）	外部工程									
1	××工程									
2	…									
	小计									
二、	工程建设其他费用									
1	…									
2	小计									
三、	预备费									
1	基本预备费									
2	价差预备费									
	小计									
四、	建设期利息									
五、	流动资金									
	投资估算合计/万元									
	比例（%）									

6. 项目分年投资计划表的编制

估算出项目总投资后，应根据项目计划进度的安排，编制分年投资计划表，见表5-7。该表中的分年建设投资可以作为安排融资计划，估算建设期利息的基础。

表5-7　分年投资计划表　（人民币单位：万元　外币单位：）

序号	项目	人民币			外币		
		第1年	第2年	…	第1年	第2年	…
	分年计划（%）						
1	建设投资						

（续）

序号	项　目	人民币			外币		
		第 1 年	第 2 年	…	第 1 年	第 2 年	…
2	建设期利息						
3	流动资金						
4	项目投入总资金（1+2+3）						

5.3　设计概算编制

5.3.1　设计概算的概念及分类

设计概算是设计文件的重要组成部分，是编制基本建设计划，实行基本建设投资大包干，控制基本建设拨款和贷款的依据，也是考核设计方案和建设成本是否经济合理的依据。

1. 设计概算的概念

设计概算，是指设计单位在初步设计或扩大初步设计阶段，在投资估算的控制下由设计单位根据初步设计或者扩大初步设计的图纸及说明书、设备清单、概算定额或概算指标、各项费用取费标准、类似工程预（决）算文件等资料，用科学的方法计算和确定建筑安装工程全部建设费用的经济文件。

2. 设计概算的分类

设计概算可分为建设工程项目总概算、单项工程综合概算和单位工程概算三级，它们之间的相互关系如图 5-2 所示。

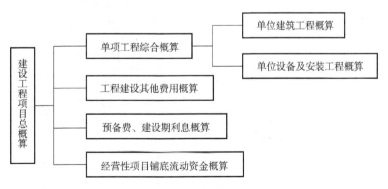

图 5-2　设计概算关系

建设工程项目总概算，是确定建设项目的全部建设费用的总文件，包括该项目从筹建到竣工验收、交付使用的全部建设费用，由各单项工程综合概算，工程建设其他费用概算，预备费、建设期贷款利息概算，固定资产投资方向调节税和经营性项目铺底流动资金概算组成，按照主管部门规定的统一表格编制，如图 5-3 所示。

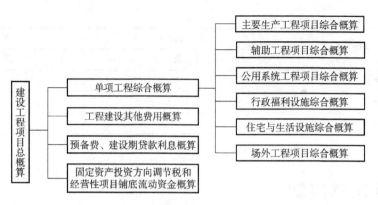

图 5-3 建设工程项目总概算

单项工程综合概算，是以各个单位工程概算为基础来编制的。根据建设项目中所包含的单项工程的个数的不同，单项工程综合概算的内容也不相同。当建设项目只有一个单项工程时，单项工程综合概算还应包括工程建设其他费用概算，预备费、固定资产投资方向调节税、建设期贷款利息概算等。当建设项目包括多个单项工程时，这部分费用列入项目总概算中，不再列入单项工程综合概算中。

单项工程综合概算文件一般包括编制说明和综合概算表两大部分。

单项工程综合概算分类划分如图 5-4 所示。

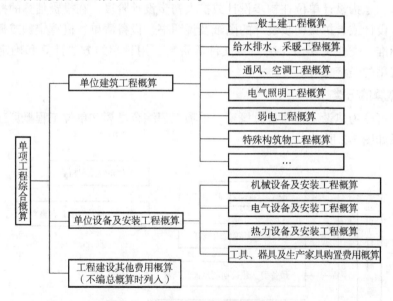

图 5-4 单项工程综合概算分类划分

单位工程综合概算，是指具有独立的设计文件、能够独立组织施工过程，是单项工程的组成部分，单位建筑工程概算包括：一般土建工程概算，给水排水、采暖工程概算，通风、空调工程概算等，单位设备及安装工程概算包括机械设备及安装工程概算，电气设备及安装工程概算，热力设备及安装工程概算，工具、器具及生产家具购置费用概算等。工程建设其他费用概算包括土地征购、坟墓迁移和清除障碍物等项目及其费用概算。

5.3.2 设计概算的作用

设计概算应按建设项目的建设规模、隶属关系和审批程序报请审批。总概算按规定的程序经有权机关批准后，就成为国家控制该建设项目总投资额的主要依据，不得任意突破。设计概算的作用主要有以下几点：

（1）设计概算是国家确定和控制基本建设总投资的依据。设计概算是编制固定资产投资计划，确定和控制建设项目投资的依据。国家规定，编制年度固定资产投资计划，确定计划投资总额及其构成数额，要以批准的初步设计概算为依据，没有批准的初步设计文件及其概算，建设工程就不能列入年度固定资产投资计划。

（2）设计概算是编制建设计划的依据。建设年度计划安排的工程项目，其投资需要量的确定、建设物资供应计划和建筑安装施工计划等，都以主管部门批准的设计概算为依据。

（3）确定工程投资的最高限额。计划部门根据批准的设计概算，编制建设项目年度固定资产投资计划，所批准的总概算为建设项目总造价的最高限额，国家拨款、银行贷款及竣工决算都不能突破这个限额。若建设项目实际投资数额超过了总概算，则必须在原设计单位和建设单位共同提出追加投资的申请报告基础上，经上级计划部门审核批准后，方可追加投资。

（4）设计概算是编制招标标底和投标报价的依据。以设计概算进行招标投标的工程，招标单位编制标底是以设计概算造价为依据的，并以此作为评标定价的依据。承包单位为了在投标竞争中取胜，也以设计概算为依据，编制出合适的投标报价。

（5）设计概算是签订工程发承包合同和核定贷款额度的依据。在国家颁布的合同法中明确规定，建设工程合同价款是以设计概、预算价为依据，且总承包合同不得超过设计总概算的投资额。银行贷款或各单项工程的拨款累计总额不能超过设计概算，如果项目投资计划所列支投资额与贷款突破设计概算时，必须查明原因，之后由建设单位报请上级主管部门调整或追加设计概算总投资，未批准之前，银行对其超支部分拒不拨付。

（6）设计概算是考核设计方案的经济合理性和选择最佳设计方案的依据。设计单位根据设计概算进行技术经济分析和多方案评价，以提高设计质量和经济效果，同时保证施工图预算和施工图设计在设计概算的范围内。设计部门在初步设计阶段要选择最佳设计方案，设计概算是从经济角度衡量设计方案经济合理性的重要依据。

（7）设计概算是控制施工图预算和施工图设计的依据。设计单位必须按照批准的初步设计和总概算进行施工图设计，施工图预算不得突破设计概算，如确需突破总概算时，应按规定程序报批。

（8）设计概算是考核建设项目投资效果的依据。通过设计概算与竣工决算对比，可以分析和考核投资效果的好坏，同时还可以验证设计概算的准确性，有利于加强设计概算管理和建设项目的造价管理工作。

5.3.3 设计概算的编制依据与原则

1. 设计概算的编制依据
（1）国家、行业和地方有关规定。
（2）相应工程造价管理机构发布的概算定额。

（3）工程勘察与设计文件。

（4）拟定或常规的施工组织设计和施工方案。

（5）建设项目资金筹措方案。

（6）工程所在地编制同期的人工、材料、机械台班市场价格，以及设备供应方式及供应价格。

（7）建设项目的技术复杂程度，新技术、新材料、新工艺以及专利使用情况。

（8）建设项目批准的相关文件、合同、协议等。

（9）政府有关部门、金融机构等发布的价格指数、利率、汇率、税率以及工程建设其他费用等。

（10）委托单位提供的其他技术经济资料等。

2. 设计概算的编制原则

（1）严格执行国家的建设方针和经济政策的原则。

（2）要完整、准确地反映设计内容的原则。

（3）要坚持结合拟建工程的实际情况，反映工程所在地当时价格水平的原则。

5.3.4 设计概算的编制方法

单位工程概算分为单位建筑工程概算和单位设备及安装工程概算两大类。单位建筑工程概算的编制方法有概算定额法、概算指标法、类似工程预算法；单位设备及安装工程概算的编制方法有预算单价法、扩大单价法、设备价值百分比法和综合吨位指标法等。

1. 单位建筑工程概算编制方法

（1）概算定额法。概算定额法又称为扩大单价法或扩大结构定额法。它与利用预算定额编制单位建筑工程施工图预算的方法基本相同。其不同之处在于编制概算所采用的依据是概算定额，所采用的工程量计算规则是概算工程量计算规则。该方法要求初步设计达到一定深度，建筑结构比较明确时方可采用。

利用概算定额法编制设计概算的具体步骤如下：

1）按照概算定额分部（分项）工程顺序，列出各分项工程的名称。工程量计算应按概算定额中规定的工程量计算规则进行，并将计算所得各分项工程量按概算定额编号顺序，填入工程概算表内。

2）确定各分部（分项）工程项目的概算定额单价（基价）。工程量计算完毕后，逐项套用相应概算定额单价和人工、材料消耗指标，然后分别将其填入工程概算表和工料分析表中。如遇设计图中的分项工程项目名称、内容与采用的概算定额手册中相应的项目有某些不相符时，则按规定对定额进行换算后方可套用。

有些地区根据地区人工工资、物价水平和概算定额编制了与概算定额配合使用的扩大单位估价表，该表确定了概算定额中各扩大分部（分项）工程或扩大结构构件所需的全部人工费、材料费、机械台班使用费之和，即概算定额单价。在采用概算定额法编制概算时，可以将计算出的扩大分部（分项）工程的工程量，乘以扩大单位估价表中的概算定额单价，进行"人、料、机"费用的计算。概算定额单价的计算公式为

概算定额单价 = 概算定额人工费 + 概算定额材料费 + 概算定额机械台班使用费 = Σ（概算定额中人工消耗量×人工单价）+ Σ（概算定额中材料消耗量×材料预算单价）+ Σ（概算

定额中机械台班消耗量×机械台班单价)　　　　　　　　　　　　　　　　　(5-1)

3) 计算单位工程的"人、料、机"费用。将已算出的各分部(分项)工程项目的工程量分别乘以概算定额单价、单位人工、材料消耗指标,即可得出各分项工程的"人、料、机"费用和人工、材料消耗量。再汇总各分项工程的"人、料、机"费用及人工、材料消耗量,即可得到该单位工程的"人、料、机"费用和工料总消耗量。如果规定有地区的人工、材料价差调整指标,计算"人、料、机"费用时,按规定的调整系数或其他调整方法进行调整计算。

4) 根据"人、料、机"费用,结合其他各项取费标准,分别计算企业管理费、利润、规费和税金。

5) 计算单位工程概算造价,其计算公式为:

单位工程概算造价 = "人、料、机"费用 + 企业管理费 + 利润 + 规费 + 税金　　(5-2)

例:采用概算定额法编制的某中心医院急救中心病原实验楼土建单位工程概算书,见表5-8。

表5-8　某中心医院急救中心病原实验楼土建单位工程概算书

工程定额编号	工程费用名称	计量单位	工程量	金额/元	
				概算定额基价	合价
3-1	实心砖基础(含土方工程)	10m³	19.60	1722.55	33761.98
3-27	多孔砖外墙	100m²	20.78	4048.42	84126.17
3-29	多孔砖内墙	100m²	21.45	5021.47	107710.53
4-21	无筋混凝土条形基础	m³	521.16	566.74	295362.22
14-33	现浇混凝土矩形梁	m³	637.23	984.22	627174.51
…	…	…	…	…	
(一)	项目"人、料、机"费用小计	元			7893244.79
(二)	项目定额人工费	元			1973311.20
(三)	企业管理费:(一)×5%	元			394662.24
(四)	利润:[(一)+(三)]×8%	元			663032.56
(五)	规费:[(二)×38%]	元			749858.26
(六)	税金:[(一)+(三)+(四)+(五)]×3.41%	元			330797.21
(七)	造价总计:[(一)+(三)+(四)+(五)+(六)]	元			10031595.06

(2) 概算指标法。当初步设计深度不够,不能准确地计算工程量,但工程设计采用的技术比较成熟而又有类似工程概算指标可以利用时,可以采用概算指标法编制工程概算。概算指标法将拟建厂房、住宅的建筑面积或体积乘以技术条件相同或基本相同的概算指标而得出"人、料、机"费用,然后按规定计算出企业管理费、利润、规费和税金等。概算指标法计算精度较低,但由于其编制速度快,因此对于一般附属、辅助和服务工程等项目,以及住宅和文化福利工程项目或投资比较小、比较简单的工程项目的投资概算有一定实用价值。

1) 拟建工程结构特征与概算指标相同时的计算。

在使用概算指标法时，如果拟建工程在建设地点、结构特征、地质及自然条件、建筑面积等方面与概算指标相同或相近，就可直接套用概算指标编制概算。根据选用的概算指标的内容，可选用两种"套算"方法。

一种方法是以指标中所规定的工程每平方米或立方米的"人、料、机"费用单价，乘以拟建单位工程建筑面积或体积，得出单位工程的"人、料、机"费用，再计算其他费用，即可求出单位工程的概算造价。"人、料、机"费用计算公式为

$$\text{"人、料、机"费用} = 概算指标每平方米（立方米）"人、料、机"费用单价 \times$$
$$拟建工程建筑面积（体积） \tag{5-3}$$

这种简化方法的计算结果参照的是概算指标编制时期的价格标准，未考虑拟建工程建设时期与概算指标编制时期的价差，所以在计算"人、料、机"费用后还应用物价指数另行调整。

另一种方法是以概算指标中规定的每 $100m^2$ 建筑物面积（或 $1000m^3$ 体积）所耗人工工日数、主要材料数量为依据，首先计算拟建工程人工、主要材料消耗量，再计算"人、料、机"费用，并取费。在概算指标中，一般规定了 $100m^2$ 建筑物面积（或 $1000m^3$ 体积）所耗工日数、主要材料数量，通过套用拟建地区当时的人工工资单价和主材预算价格，便可得到每 $100m^2$（或 $1000m^3$）建筑物的人工费和主材费而无须再做价差调整。计算公式为

$$100m^2 建筑物面积的人工费 = 指标规定的工日数 \times 本地区人工工日单价 \tag{5-4}$$
$$100m^2 建筑物面积的主要材料费 = \Sigma（指标规定的主要材料数量 \times 地区材料预算单价）$$
$$\tag{5-5}$$
$$100m^2 建筑物面积的其他材料费 = 主要材料费 \times 其他材料费占主要材料费的百分比$$
$$\tag{5-6}$$
$$100m^2 建筑物面积的机械台班使用费 = （人工费 + 主要材料费 + 其他材料费）\times$$
$$机械台班使用费所占百分比 \tag{5-7}$$
$$每 1m^2 建筑面积的"人、料、机"费用 = （人工费 + 主要材料费 +$$
$$其他材料费 + 机械台班使用费）/100 \tag{5-8}$$

根据"人、料、机"费用，结合其他各项取费方法，分别计算企业管理费、利润、规费和税金，得到每 $1m^2$ 建筑面积的概算单价，乘以拟建单位工程的建筑面积，即可得到单位工程概算造价。

2）拟建工程结构特征与概算指标有局部差异时的调整。由于拟建工程通常与类似工程的概算指标的技术条件不尽相同，而且概算编制年份的设备、材料、人工等价格与拟建工程当时当地的价格也会不同，在实际工作中，还经常会遇到拟建对象的结构特征与概算指标中规定的结构特征有局部不同的情况，因此必须对概算指标进行调整后方可套用，调整方法如下：

①调整概算指标中的每 $1m^2$（或 $1m^3$）造价。当设计对象的结构特征与概算指标有局部差异时需要进行这种调整。这种调整方法是将原概算指标中的单位造价进行调整（仍使用"人、料、机"费用指标），扣除每 $1m^2$（或 $1m^3$）原概算指标中与拟建工程结构不同部分的造价，增加每 $1m^2$（或 $1m^3$）拟建工程与概算指标结构不同部分的造价，使其成为与拟建工程结构相同的工程单位"人、料、机"费用造价。计算公式为

$$结构变化修正概算指标（元/m^2） = J + Q_1P_1 - Q_2P_2 \tag{5-9}$$

式中　J——原概算指标；

　　Q_1——概算指标中换入结构的工程量；

　　Q_2——概算指标中换出结构的工程量；

　　P_1——换入结构的"人、料、机"费用单价；

　　P_2——换出结构的"人、料、机"费用单价。

则拟建单位工程的"人、料、机"费用为

　　"人、料、机"费用 = 修正后的概算指标 × 拟建工程建筑面积（或体积）　（5-10）

求出"人、料、机"费用后，再按照规定的取费方法计算其他费用，最终得到单位工程概算价值。

②调整概算指标中的"人、料、机"数量。这种方法是将原概算指标中每 100m² （或1000m³）建筑面积（或体积）中的"人、料、机"数量进行调整，扣除原概算指标中与拟建工程结构不同部分的"人、料、机"消耗量，增加拟建工程与概算指标结构不同部分的"人、料、机"消耗量，使其成为与拟建工程结构相同的每 100m² （或 1000m³）建筑面积（或体积）"人、料、机"数量。计算公式为

结构变化修正概算指标的"人、料、机"数量 = 原概算指标的"人、料、机"数量 + 换入结构件工程量 × 相应定额"人、料、机"消耗量 - 换出结构件工程量 × 相应定额"人、料、机"消耗量　　　　　　　　　　　　　　　　　　　　　　（5-11）

以上两种方法，前者是直接修正概算指标单价，后者是修正概算指标的"人、料、机"数量。修正之后，方可按上述第一种情况分别套用。

（3）类似工程预算法。类似工程预算法是利用技术条件与设计对象相类似的已完工程或在建工程的工程造价资料来编制拟建工程设计概算的方法。该方法适用于拟建工程初步设计与已完工程或在建工程的设计相类似且没有可用的概算指标的情况，但必须对建筑结构差异和价差进行调整。

2. 单位设备及安装工程概算编制方法

单位设备及安装工程概算费用由设备购置费概算和安装工程费概算组成。

（1）设备购置费概算。设备购置费是指为项目建设而购置或自制的达到固定资产标准的设备、工具、器具、交通运输设备、生产家具等本身及其运杂费用。

设备购置费由设备原价和运杂费两项组成。设备购置费是根据初步设计的设备清单计算出设备原价，并汇总求出设备总价，然后按有关规定的设备运杂费率乘以设备总价，两项相加即为设备购置费概算，计算公式为

　　设备购置费概算 = Σ（设备清单中的设备数量 × 设备原价）×（1 + 运杂费率）　（5-12）

或：　　设备购置费概算 = Σ（设备清单中的设备数量 × 设备预算价格）　　　　（5-13）

国产标准设备原价可根据设备型号、规格、性能、材质、数量及附带的配件，向制造厂家询价或向设备、材料信息部门查询或按主管部门规定的现行价格逐项计算。

国产非标准设备原价在编制设计概算时可以根据非标准设备的类别、重量、性能、材质等情况，以每台设备规定的估价指标计算原价，也可以以某类设备所规定吨重估价指标计算。

工具、器具及生产家具购置费一般以设备购置费为计算基数，按照部门或行业规定的工具、器具及生产家具费率计算。

（2）单位设备及安装工程概算的编制方法。单位设备及安装工程费包括用于设备、工具、器具、交通运输设备、生产家具等的组装和安装，以及用于配套工程安装而发生的全部费用。

1）预算单价法。当初步设计有详细设备清单时，可直接按预算单价（预算定额单价）编制设备安装工程概算。根据计算的设备安装工程量，乘以安装工程预算单价，经汇总求得。用预算单价法编制概算，计算比较具体，精确性较高。

2）扩大单价法。当初步设计的设备清单不完备，或仅有成套设备的重量时，可采用主体设备、成套设备或工艺线的综合扩大安装单价编制概算。

3）概算指标法。当初步设计的设备清单不完备，或安装预算单价及扩大综合单价不全，无法采用预算单价法和扩大单价法时，可采用概算指标编制概算。概算指标形式较多，概括起来主要可按以下几种指标进行计算。

①按占设备价值的百分比（安装费率）的概算指标计算。

$$设备安装费 = 设备原价 \times 设备安装费率 \tag{5-14}$$

②按每吨设备安装费的概算指标计算。

$$设备安装费 = 设备总吨数 \times 每吨设备安装费（元/吨） \tag{5-15}$$

③按座、台、套、组、根或功率等为计量单位的概算指标计算。例如工业炉，按每台安装费指标计算；冷水箱，按每组安装费指标计算安装费等。

④按设备安装工程每平方米建筑面积的概算指标计算。设备安装工程有时可按不同的专业内容（例如通风、动力、管道等），采用每平方米建筑面积的安装费用概算指标计算安装费。

3. 单项工程综合概算的编制方法

（1）单项工程综合概算的含义。单项工程综合概算是确定单项工程建设费用的综合性文件，是由该单项工程各专业的单位工程概算汇总而成，是建设项目总概算的组成部分。

（2）单项工程综合概算的内容。单项工程综合概算文件一般包括编制说明和综合概算表两大部分。

1）编制说明。其内容包含有：

①编制依据；②编制方法；③主要设备、材料（钢材、木材、水泥）的数量；④其他需要说明的有关问题。

2）综合概算表。综合概算表是根据单项工程所辖范围内的各单位工程概算等基础资料，按照国家或部委所规定统一表格进行编制。

①综合概算表的项目组成。工业建设项目综合概算表由建筑工程和设备及安装工程两大部分组成；民用工程项目综合概算表就只有建筑工程一项。

②综合概算的费用组成。一般应包括建筑工程费、安装工程费用、设备购置费，以及工具、器具和生产家具购置费所组成。当建设项目只有一个单项工程时，此时综合概算文件除包括上述两大部分外，还应包括工程建设其他费用、建设期贷款利息、预备费和固定资产投资方向调节税等概算费用项目，综合概算表见表5-9。

建设工程项目名称：×××

单项工程名称：×××　　　　　　　　　　　　　　概算价值：×××元

表 5-9　综合概算表

序号	综合概算编号	工程或费用名称	概算价值/万元						技术经济指标			占投资总额（%）	备注
			建筑工程费	安装工程费	设备购置费	工具、器具及生产家具购置费	其他费用	合计	单位	数量	单位价值/元		
1	2	3	4	5	6	7	8	9	10	11	12	13	14
1	6-1	一、建筑工程 土建工程	×					×	×	×	×	×	
2	6-2	给水工程	×					×	×	×	×	×	
3	6-3	排水工程	×					×	×	×	×	×	
4	6-4	采暖工程	×					×	×	×	×	×	
5	6-5	电气照明工程 …	×					×	×	×	×	×	
		小计	×					×	×	×	×	×	
6	6-6	二、设备及安装工程 机械设备及安装工程		×	×			×	×	×	×	×	
7	6-7	电气设备及安装工程		×	×			×	×	×	×	×	
8	6-8	热力设备及安装工程		×	×			×	×	×	×	×	
		小计						×	×	×	×	×	
9	6-9	三、工具、器具及生产家具购置费				×		×	×	×	×	×	
		总计	×	×	×	×	×	×	×	×	×	×	

审核：　　　　　核对：　　　　　编制：　　　　　年　　月　　日

4. 建设工程项目总概算的内容和编制方法

（1）建设工程项目总概算的内容。建设工程项目总概算是以整个建设工程项目为对象，确定项目从立项开始，到竣工交付使用整个过程的全部建设费用的文件。

建设工程项目总概算是设计文件的重要组成部分。它由各单项工程综合概算、工程建设其他费用、建设期利息、预备费和经营性项目铺底流动资金组成，并按主管部门规定的统一表格编制而成。

设计概算文件一般应包括以下 7 部分。

1）封面、签署页及目录。

2）编制说明。编制说明应包括下列内容：

①工程概况，简述建设项目性质、特点、生产规模、建设周期、建设地点等主要情况。对于引进项目要说明引进内容及与国内配套工程等主要情况。

②资金来源及投资方式。

③编制依据及编制原则。

④编制方法，说明设计概算是采用概算定额法，还是采用概算指标法等。

⑤投资分析，主要分析各项投资的比重、各专业投资的比重等经济指标。

⑥其他需要说明的问题。

3）总概算表。总概算表应反映静态投资和动态投资两个部分。静态投资是按设计概算编制期价格、费率、利率、汇率等因素确定的投资；动态投资则是指概算编制期到竣工验收前的工程和价格变化等多种因素所需的投资。

4）工程建设其他费用概算表。工程建设其他费用概算按国家、地区或部委所规定的项目和标准确定，并按统一表式编制。

5）单项工程综合概算表。

6）单位工程概算表。

7）附录：补充估价表。

（2）建设工程项目总概算的编制方法。

将各单项工程综合概算及其他工程和费用概算等汇总即为建设工程项目总概算，由以下4部分组成：①工程费用；②其他费用；③预备费；④应列入项目概算总投资的其他费用，包括建设期利息和经营性项目铺底流动资金。

编制总概算表的基本步骤如下：

1）按总概算组成的顺序和各项费用的性质，将各个单项工程综合概算及其他工程和费用概算汇总列入总概算表，参见表5-10。

建设工程项目：×××

总概算价值：×××　　　　　　　其中回收金额：×××××

表5-10　建设工程总概算表

序号	综合概算编号	工程或费用名称	概算价值/万元						技术经济指标			占投资总额（%）	备注
			建筑工程费	安装工程费	设备购置费	工具、器具及生产家具购置费	其他费用	合计	单位	数量	单位价值/元		
1	2	3	4	5	6	7	8	9	10	11	12	13	14
		第一部分　工程费用项目											
		一、主要生产工程项目											
1		×××厂房	×	×	×	×		×	×	×	×	×	
2		×××厂房	×	×	×	×		×	×	×	×	×	
		…											
		小计	×	×	×	×		×	×	×	×	×	
		二、辅助生产项目											
3		机修车间	×	×	×	×		×	×	×	×	×	
4		木工车间	×	×	×	×		×	×	×	×	×	
		…											
		小计	×	×	×	×		×	×	×	×	×	
		三、公用设施工程项目											
5		变电所	×	×	×	×		×	×	×	×	×	
6		锅炉房	×	×	×	×		×	×	×	×	×	
		…											
		小计	×	×	×	×		×	×	×	×	×	

（续）

序号	综合概算编号	工程或费用名称	概算价值（万元）						技术经济指标			占投资总额（%）	备注
			建筑工程费	安装工程费	设备购置费	工具、器具及生产家具购置费	其他费用	合计	单位	数量	单位价值/元		
		四、生活、福利、文化教育及服务项目											
7		职工住宅	×					×	×	×	×	×	
8		办公楼	×			×		×	×	×	×	×	
		…											
		小计	×			×		×	×	×	×	×	
		第二部分　其他工程和费用项目					×	×					
9		土地使用费					×	×					
10		勘察设计费											
		第二部分　其他工程和费用合计					×	×					
		第一、二部分工程费用总计	×	×	×	×	×	×					
11		预备费					×	×					
12		建设期利息	×	×	×	×	×	×					
13		经营性项目铺底流动资金	×	×	×	×	×	×					
14		总概算价值											
15		其中：回收金额											
16		投资比例（%）											

审核：　　　　　　核对：　　　　　　　　　编制：　　　　　　　年　月　日

2）将工程项目和费用名称及各项数值填入相应各栏内，然后按各栏分别汇总。

3）以汇总后总额为基础，按取费标准计算预备费用、建设期利息、固定资产投资方向调节税、经营性项目铺底流动资金。

4）计算回收金额。回收金额是指在整个基本建设过程中所获得的各种收入。例如原有房屋拆除所回收的材料和旧设备等的变现收入；试车收入大于支出部分的价值等。回收金额的计算方法，应按地区主管部门的规定执行。

5）计算总概算价值。

总概算价值＝工程费用＋其他费用＋预备费＋建设期利息＋铺底流动资金－回收金额

$$(5\text{-}16)$$

6）计算技术经济指标。整个项目的技术经济指标应选择有代表性和能说明投资效果的指标填列。

7）投资分析。为对基本建设投资分配、构成等情况进行分析，应在总概算表中计算出各项工程和费用投资占总投资比例，在表的末栏计算出每项费用的投资占总投资的比例。

5. 设计概算文件

一般应包括以下6个方面的内容：

（1）封面、签署页及目录。

（2）编制说明。

（3）总概算表。

（4）工程建设其他费用概算表。

（5）单项工程综合概算表。

（6）单位工程概算表。

6. 设计概算的计算方法

$$总概算价值 = 工程费用 + 其他费用 + 预备费 + 建设期利息 +$$
$$经营性项目铺底流动资金 - 回收金额 \qquad (5\text{-}17)$$

5.4　施工图预算编制

5.4.1　施工图预算的概念

施工图预算，即单位工程施工图预算书，是在施工图设计完成后，根据已批准的施工图、地区预算定额（单位估价表）或计价表，并结合施工方案以及工程量计算规则、现行预算定额、费用定额以及地区设备、材料、人工、施工机械台班等预算价格编制和确定的建筑安装工程造价的技术和经济文件。施工图预算也称为设计预算。

建筑工程预算又可分为一般土建工程预算、给水排水工程预算、暖通工程预算、电气照明工程预算、构筑物工程预算及工业管道、电力、电信工程预算。单位工程施工图预算的编制工作必须反映该单位工程的各分部（分项）工程名称、定额编号、工程数量、综合单价、合价（分项工程费）以及工料分析；反映单位工程的分部（分项）工程费、措施项目费、其他项目费、规费以及税金。此外还应有"综合单价分析"。

1. 单位工程施工图预算书的组成内容

施工图预算是在完成工程量计算的基础上，按照设计图的要求和预算定额规定的分项工程内容，正确套用和换算预算单价，计算工程直接费用，并根据各项取费标准，计算间接费用、利润、税金和其他费用，最后，汇总计算出单位工程预算造价。一般情况下，一份完整的单位工程施工图预算书应由下列内容组成。

（1）封面。封面主要是反映工程概况。其内容一般有建设单位名称、工程名称、结构类型、结构层数、建筑面积、预算造价、单方造价、编制单位名称、编制人员、编制日期、审核人员、审核日期及预算书编号等。

（2）编制说明。编制说明主要是说明所编预算在预算表中无法表达，而又需要使审核单位（或人员）必须了解的相关内容。其内容一般包括：编制依据、预算所包括的工程范围，施工现场（例如土质、标高）与施工图说明不符的情况，对业主提供的材料与半成品预算价格的处理，施工图的重大修改，对施工图说明不明确之处的处理。深基础的特殊处理，特殊项目及特殊材料补充单价的编制依据与计算说明，经甲、乙双方同意编入预算的项目说明，未定事项及其他应予以说明的问题等。

（3）费用汇总表。该表是指组成单位工程预算造价所需费用计算的汇总表，是按照工程造价计算程序计算的。其内容包括工程直接费、施工综合费、材料价差调整、各项税金和其他费用。

（4）分部（分项）工程预算表。分部（分项）工程预算表是指各分部（分项）工程直接费的计算表（有的含工料分析表），它是施工图预算书的主要组成内容，其内容包括定额编号、分部（分项）工程名称、计量单位、工程数量、预算单价及合价等。

（5）工料分析表。工料分析表是指分部（分项）工程所需人工、材料和机械台班消耗量的分析计算表。此表一般与分部（分项）工程表结合在一个表内，其内容除了与工程预算表的内容相同外，还应列出分项工程的预算定额工料消耗量指标和计算出相应的工料消耗数量。

（6）材料分析表、汇总表。单位工程定额材料用量分析表、汇总表。根据工程量计算提供的各分项工程量和定额项目表中各主要材料的相应子目含量，分别计算出各分项主要材料定额用量，然后进行分项汇总合计，最后将各项合计进行汇总，填制汇总表。

2. 施工图预算的两种编制模式

（1）传统定额计价模式。工程建设定额是在一定生产力水平下，在工程建设中单位产品上人工、材料、机械、资金消耗的规定额度，这种数量关系体现出正常施工条件、合理的施工组织设计、合格产品下各种生产要素消耗的社会平均合理水平。

我国传统的定额计价模式是采用国家、部门或地区统一规定的预算定额、单位估价表、取费标准、计价程序进行工程造价计价的模式，通常也称为定额计价模式。它是我国长期使用的一种施工图预算的编制方法。在传统的定额计价模式下，国家或地方主管部门颁布工程预算定额，并且规定了相关取费标准，发布有关资源价格信息。建设单位与施工单位均先根据预算定额中规定的工程量计算规则、定额单价计算直接工程费，再按照规定的费率和取费程序计取间接费、利润和税金，汇总得到工程造价。

在预算定额从指令性走向指导性的过程中，虽然预算定额中的一些因素可以按市场变化做一些调整，但其调整（包括人工、材料和机械台班价格的调整）也都是按造价管理部门发布的造价信息进行，造价管理部门不可能把握市场价格的随时变化，其公布的造价信息与市场实际价格信息相比总有一定的滞后与偏离，这就决定了定额计价模式的局限性。

（2）工程量清单计价模式。工程量清单是表现拟建工程的分部（分项）工程项目、措施项目、其他项目名称和相应数量的明细清单。工程量清单是按统一规定进行编制的，它体现的核心内容为分项工程项目名称及其相应数量，是招标文件的组成部分，是投标人进行投标报价的重要依据。

工程量清单计价模式是招标人按照国家统一的工程量清单计价规范中的工程量计算规则提供工程量清单和技术说明，由投标人依据企业自身的条件和市场价格对工程量清单自主报价的工程造价计价模式。工程量清单计价模式是国际通行的计价方法。

5.4.2　施工图预算的作用

一般土建工程施工图预算是在施工图设计完成后，工程开工前，根据已批准的施工图，在施工方案或施工组织设计已确定的前提下，按照国家或省、市颁发的现行建筑与装饰计价表、费用定额、材料信息发布价等有关规定，所确定的单位工程造价或单项工程造价的技术经济文件。

施工图预算的作用主要体现在以下几个方面：

1. 施工图预算对建设单位的作用

（1）施工图预算是施工图设计阶段确定建设工程项目造价的依据，是设计文件的组成部分。

（2）施工图预算是建设单位在施工期间安排建设资金计划和使用建设资金的依据。

（3）施工图预算是招标投标的重要基础，既是工程量清单的编制依据，也是标底的编制依据。

（4）施工图预算是拨付进度款及办理结算的依据。

2. 施工图预算对施工单位的作用

（1）施工图预算是确定投标报价的依据。

（2）施工图预算是施工单位进行施工准备的依据，是施工单位在施工前组织材料、机具、设备及劳动力供应的重要参考，是施工单位编制进度计划、统计完成工作量、进行经济核算的参考依据。

（3）施工图预算是控制施工成本的依据。根据施工图预算确定的中标价格是施工企业收取工程款的依据；企业只有合理利用各项资源，采取技术措施、经济措施和组织措施降低成本，将成本控制在施工图预算以内，企业才能获得良好的经济效益。

3. 施工图预算对其他方面的作用

（1）对于工程咨询单位而言，尽可能客观、准确地为委托方做出施工图预算，是其业务水平、素质和信誉的体现。

（2）对于工程造价管理部门而言，施工图预算是监督检查执行定额标准、合理确定工程造价、测算造价指数及审定招标工程标底的重要依据。

（3）若在履行合同的过程中发生经济纠纷，施工图预算还是有关仲裁、管理、司法机关按照法律程序处理、解决问题的依据。

5.4.3 施工图预算的编制依据和原则

1. 施工图预算的编制依据

（1）施工图及其说明。经审批后的施工图及设计说明书，是编制施工图预算的主要工作对象和依据，施工图必须经过建设、设计和施工单位共同进行会审确定后，才能着手编制施工图预算，使预算编制工作能正常进行，避免不必要的返工计算。

（2）现行的预算定额、计价表、地区材料预算价格。现行建筑工程预算定额是编制预算的基础资料。编制工程预算，从划分分部、分项工程项目到计算分项工程量，都必须以预算定额（包括已批准执行的概算定额、预算定额、单位估价表、计价表、费用定额、该地区的材料预算价格及其有关文件）作为标准和依据。现在，部分省、市编制了建筑与装饰工程计价表，并能与现行的《建设工程工程量清单计价规范》相对应，编制预算时可直接使用。

（3）施工组织设计或施工方案。施工组织设计是确定单位工程施工方法或主要技术措施以及施工现场平面布置的技术文件，该文件所确定的材料堆放地点、机械的选择、土方的运输工具及各种技术措施等，都是编制施工图预算不可缺少的依据。

（4）现行的《建设工程工程量清单计价规范》。

（5）甲、乙双方签订的合同或协议。

（6）有关部门批准的拟建工程概算文件。经批准的拟建工程设计概算，是拟建工程投资的最高限额，所编制的施工图预算不得超过这一限额。

（7）预算工作手册。预算工作手册是将常用的数据、计算公式和系数等资料汇编而成的手册，方便查用，以加快工程量计算速度。

（8）市场采购材料的市场价格。

2. 施工图预算的编制原则

（1）严格执行国家的建设方针和经济政策的原则，坚决执行勤俭节约的方针，严格执行规定的设计和建设标准。

（2）完整、准确地反映设计内容的原则。编制施工图预算时，要认真了解设计意图，根据设计文件、设计图准确计算工程量，避免重复和漏算。

（3）坚持结合拟建工程的实际，反映工程所在地当时价格水平的原则。编制施工图预算时，要求实事求是地对工程所在地的建设条件、可能影响造价的各种因素进行认真的调查研究。在此基础上，正确使用定额、费率和价格等各项编制依据，按照现行工程造价的构成，根据有关部门发布的价格信息及价格调整指数，考虑建设期的价格变化因素，使施工图预算尽可能地反映设计内容、施工条件和实际价格。

5.4.4 施工图预算的编制方法

现行常用的施工图预算编制方法有单价法和实物量法。单价法又分为工料单价法和综合单价法，综合单价法又分为全费用综合单价和部分费用综合单价。

1. 单价法

定额单价法是用事先编好的分项工程和单位估价表来编制施工图预算的方法。由于单价法编制施工图预算具有计算简单、编制速度快和便于统一管理等优点，所以是国内目前用来编制施工图预算的主要方法。

（1）工料单价法。用工料单价法编制施工图预算，是根据各地区、各部门颁发的预算定额的规定计算工程量，然后分别乘以相应单价或预算定额基价并求和，得到定额工程费；再以定额直接费为基数乘以间接费、利润、税金等各自的费率，求出该工程的间接费、利润、税金等费用，最后将各项内容汇总即得工程造价。

这种编制方法，既简化编制工作，又便于进行经济技术分析。但在市场价格波动较大的情况下用这种单价法编制施工图预算时误差较大。

工料单价法的编制步骤：

1）熟悉施工图。施工图是编制施工图预算的基本依据。预算人员在编制施工图预算前，应熟悉施工图，对设计图和有关标准图的内容、施工说明及各张图纸之间的关系有一个认识，以了解工程全貌和设计意图。对图纸中的疑点、错误及时记录，以便在图纸会审中提出。同时进入施工现场，充分了解现场实际情况与施工组织设计所规定的措施和方法。

2）了解施工组织设计和施工现场情况。编制施工图预算之前，应认真了解现场施工条件、施工方法、技术组织措施、施工设备、器材供应等情况。例如：各分部工程的施工方法，土方工程中余土外运使用的工具、运距，施工平面图及建筑材料、构件等堆放点到施工操作地点的距离等。这些都会影响施工图预算的分部（分项）工程工程量清单费（直接费）。

3）熟悉预算定额和有关资料。预算定额是编制工程预算的基础资料和主要依据。因为在每一个单位建筑工程中，分部（分项）工程项目的单位预算价值和人工、材料、机械台班使用消耗量，都是需要依据预算定额来确定的；此外，预算定额中的说明、计算规则、附注等是计算工程量的重要的依据之一。因此，在编制预算之前，必须熟悉预算定额的内容、形式、使用方法和计算规则的含义，才能在编制预算的过程中正确应用。各地颁发的预算定额的名称、内容、形式等有所不同，使用时应特别注意。

另外，各地针对不同情况而颁布的取费文件，在编制预算前也应认真加以领会，以便灵活运用。

4）计算工程量。计算工程量是编制预算的一项重要工作，要使工程量计算得既快捷又精确，就必须熟悉预算定额中的工程量计算规则、说明、定额表的组成及附注，对施工图也要十分熟悉。

在计算工程量时，既要认真、细致，又要按一定的顺序进行，避免重复与遗漏，还要便于校对和审核。工程量一般按如下步骤进行：

①根据工程内容和定额项目，列出需计算工程量的分部（分项）工程。

②根据一定的计算顺序和计算规则，列出分部（分项）工程工程量的计算公式。

③根据施工图上的设计尺寸及有关数据，代入计算公式进行数值计算。

④对计算结果的计量单位进行调整，使之与定额中相应的分部（分项）工程的计量单位保持一致。

5）"选择套用"预算定额基价（或综合单价）。把土建工程中各分部（分项）工程的名称和工程量列入工程预算表内，然后把各分部（分项）工程套用的相应定额编号、综合单价、人工费、材料费、机械台班使用费、管理费和利润填入工程预算表内。这里应当注意的是，套用预算单位价值时，该分项工程的名称、规格、计量单位必须与定额表所列的内容完全一致。否则，"错套"预算定额（"计价表"）子目，将会出现较大的错误。

6）计算分部（分项）工程工程量清单费。将各分项工程的工程量及其综合单价相乘，即得出各该分部（分项）工程工程量清单费。

7）计算各项费用。分部（分项）工程工程量清单费确定后，再根据当地的定额（"计价表"）和取费文件，计算措施项目费、其他项目费、规费及税金等费用，最后算出一般土建工程造价。

8）复核。复核是指对编制完的施工图预算，派有关人员进行检查、核对，若有差错，应及时更正。

9）编制说明、填写封面、装订成册。编制说明一般包括以下内容：

①编制工程预算所依据的施工图名称、编号以及是否包括了技术交底中的设计变更。

②编制工程预算所依据的预算定额或单位估价表的名称以及所采用的材料预算价格。

③编制补充单价的依据及其基础资料。

④编制工程预算所依据的费用定额，材料调整价差的有关文件名称和文号。

⑤其他内容。其他内容通常是指在施工图预算中无法表示，需要用文字补充说明的内容。

工程预算书封面通常需填写工程名称、建设单位名称、建筑面积、建筑结构、工程预算造价和单方造价、编制单位、编制人及日期等。

最后，把封面、编制说明、取费表、工程预算表、补充预算单价表、材料分析表等按序编排并装订成册,请有关单位和领导审阅、签字并加盖单位公章,至此一般土建工程施工图预算编制工作完成。

(2) 综合单价法。综合单价法,是工程量清单计价模式出现后的一个新概念,是根据国家统一的工程量规则计算工程量,采用综合单价的形式计算工程造价的方法。其按分部(分项)工程的顺序,先计算出单位工程的各分项工程量,然后再乘以对应的综合单价,求出各分项工程的综合费用。

所谓"综合单价",就是说完成一个规定计量单位的分部(分项)工程量项目或措施项目的费用不仅仅包括所需的人工费、材料费、施工机械使用费,还包括企业管理费、利润,以及一定的风险费用。"综合单价法"就是根据施工图计算出的各分部(分项)工程工程量,分别乘以相应综合单价并求和,这样就会形成分部(分项)工程费,再加上措施项目费、其他项目费、规费和税金,就得出工程总造价的计价方法。按照单价综合内容的不同,综合单价可分为全费用综合单价和部分费用综合单价。

1) 全费用综合单价。全费用综合单价综合了人工、材料、机械台班费用,以及企业管理费、规费和税金等,以各项工程量乘以综合单价的合价汇总后,就生成了工程发承包价。

2) 部分费用综合单价。我国目前实行的工程量清单计价采用的综合单价是部分费用综合单价,分部(分项)工程单价综合了人工、材料、机械台班费用,企业管理费、利润以及一定范围的风险费,但并未包括措施费、其他项目费、规费和税金,是不完全费用综合单价。各分项工程量乘以部分费用综合单价的合价汇总,再加上项目措施费、其他项目费、规费和税金后生成工程发承包价。

采用工程量清单招标的工程,其各分项工程量不需要另行计算,应该直接采用工程量清单中的工程量。单位工程施工图预算的综合单价,目前仍然是以预算定额(或计价表)为基础,经过一定的组合与计算形成的。

这种编制方法适合于工、料因时因地发生价格变动情况下的市场需要。

3) 工料单价法与综合单价法的区别。工料单价法与综合单价法的区别主要表现在招标单位编制标底和投标单位编制报价的具体使用时有所不同,其区别如下:

①计算工程量的编制单位不同。工料单价法是将建设工程的工程量分别由招标单位和投标单位各自按施工图计算。综合单价法则是工程量由招标单位按照"工程量清单计价规范"统一计算,各投标单位根据招标人提供的"工程量清单"并考虑自身的技术装备、施工经验、企业成本、企业定额和管理水平等因素后,自主填写保单价。

②编制工程量的时间不同。工料单价法是在发出招标文件之后编制,综合单价法必须要在发出招标文件之前编制。

③计价形式表现不同。工料单价法一般采用计价总价的形式。综合单价法采用综合单价形式,综合单价包括人工费、材料费、机械费、管理费和利润,并考虑风险因素。因而用综合单价报价具有直观、相对固定的特点,如果工程量发生变化时,综合单价一般不做调整。

④编制的依据不同。工料单价法的工程量计算依据是施工图;人工、材料、机械台班消耗需要的依据是建设行政部门颁发的预算定额;人工、材料、机械台班单价的依据是工程造价管理部门发布的价格。综合单价法的工程量计算依据是"工程量清单计价规定";标底的编制依据是招标文件中的工程清单和有关规定要求、施工现场情况、合理的施工方法,以及按工程造价主管部门制定的有关工程造价计价办法;报价的编制则是根据企业定额和市场价

格信息确定。

⑤造价费用的组成不同。工料单价法的工程造价由直接工程费、现场经费、间接费、利润、税金组成。综合单价法的工程造价由分部（分项）工程费、措施项目费、其他项目费、规费、税金等组成，且包括完成每项工程所包含的全部工程内容的费用。

2. 实物量法

实物量法是依据施工图先计算出各分项工程的工程量，然后套用预算定额（或计价表）的消耗量，其步骤为：首先计算出各类人工、材料、机械台班的实物消耗量，然后再根据预算编制期的人工、材料、机械台班的市场（或信息）价格，分别计算由人工费、材料费和机械费组成的定额直接费，其后取费方法与单价法是一样的。

与单价法相比，用实物量法编制施工图预算，优点是工料消耗比较清晰，其人工、材料、机械价格更能体现市场价格；缺点是分项工程单价不直观，计算、统计和价格采集工作量较大。所以，目前使用的行业或地方均较少。

实物量法编制施工图预算的步骤如下：

（1）准备资料、熟悉施工图。全面收集各种人工、材料、机械台班的当时实际价格，应包括不同工种、不同等级的人工工资单价；不同品种、不同规格的材料预算价格；不同种类、不同型号的机械台班单价等。要求获得的各种实际价格应全面、系统、真实、可靠。

（2）计算工程量。本步骤的内容与单价法相同。

（3）套用消耗定额，计算消耗量。定额消耗量中的"量"在相关规范和工艺水平等未有较大变化之前具有相对稳定性，据此确定符合国家技术规范和质量标准要求，并反映当时施工工艺水平的分项工程计价所需的人工、材料、机械台班的消耗量。

根据人工预算定额所列各类人工工日的数量，乘以各分项工程的工程量，计算出各分项工程所需各类人工工日的数量，统计汇总后确定单位工程所需的各类人工工日消耗量。同理，根据材料预算定额、机械台班预算定额分别确定出单位工程各类材料消耗数量和各类施工机械台班数量。

（4）计算并汇总人工费、材料费、机械费。根据当时当地工程造价管理部门定期发布的或企业根据市场价格确定的人工工资单价、材料预算价格、机械台班单价分别乘以人工、材料、机械消耗量，汇总即为单位工程人工费、材料费和机械费，计算公式为：

单位工程"人、料、机"费用 = ∑（工程量×人工预算定额用量×当时当地材料预算价格）+ ∑（工程量×材料预算定额用量×当时当地人工工资单价）+ ∑（工程量×机械预算定额台班用量×当时当地机械台班单价） (5-18)

（5）计算其他各项费用，汇总造价。对于企业管理费、利润、规费和税金等的计算，可以采用与定额单价法相似的计算程序，只是有关的费率是根据当时当地建筑市场供求情况予以确定。将上述单位工程"人、料、机"费用与企业管理费、利润、规费、税金等汇总即为单位工程造价。

（6）复核。检查人工、材料、机械台班的消耗量计算是否准确，有无漏算、重算或多算；套取的定额是否正确；检查采用的实际价格是否合理。其他内容可参考定额单价法相应步骤的介绍。

（7）编制说明、填写封面。本步骤的内容和方法与单价法相同。

实物量法的编制步骤如图5-5所示。

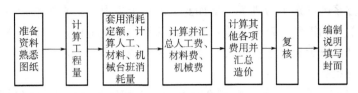

图 5-5　实物量法的编制步骤

实物量法编制施工图预算的步骤与定额单价法基本相似，但在具体计算人工费、材料费和机械使用费及汇总三种费用之和方面有一定区别。实物量法编制施工图预算所用人工、材料和机械台班的单价都是当时当地的实际价格，编制出的预算可较准确地反映实际水平，误差较小，适用于市场经济条件波动较大的情况。由于采用该方法需要统计人工、材料、机械台班消耗量，还需收集相应的实际价格，因而工作量较大、计算过程烦琐。

5.5　决策和设计阶段工程造价的控制

5.5.1　项目决策概念、目的和意义

1. 项目决策的概念

在建设项目的决策阶段，主要工作是从市场、技术和经济等方面对建设项目的可行性进行分析和论证，做出是否进行投资的决策。在此阶段，工程造价管理的主要任务是进行项目定义和投资定义，编制拟建项目的投资估算，参与建设项目的经济评价工作，对拟建项目的必要性和可行性进行技术经济论证，参与项目建议书及可行性研究报告的编制，为建设项目的投资提供决策支持。

2. 项目决策阶段工程造价控制的目的和意义

项目投资决策是选择和决定投资行动方案的过程，是对拟建项目的必要性和可行性进行技术经济论证，对不同建设方案进行技术经济比较、选择及做出判断和决定的过程。项目投资决策是投资行动的准则，正确的项目投资行动来源于正确的项目投资决策。在建设项目投资决策阶段，工程造价管理中很关键的一项工作就是工程造价策划，即要确定项目的投资估算并进行相应的控制，这是做出正确投资决策的重要基础。

因此，投资决策阶段工程造价控制的目的就是通过项目定义来确定项目的投资定义，进而编制项目投资估算，为投资决策提供支持；同时，一旦做出投资决策，也为项目的实施确定了投资目标的计划值。

如上所述，在项目建设各阶段中，投资决策阶段影响工程造价的程度较高。建设项目的工程造价对投资决策有着重大影响，反之，建设项目投资决策对工程造价也具有非常重要的作用。项目决策阶段工程造价控制的意义主要如下：

（1）项目决策的正确性是工程造价合理性的前提。项目决策正确，意味着对项目建设做出科学的决断，以及在建设的前提下，优选出最佳投资行动方案，达到资源的合理配置。这样才能合理地估计和计算工程造价，并且在实施最优投资方案过程中，有效地控制工程造价。项目决策失误，主要体现于在不该建设的项目进行投资建设，或者项目建设地点的选择

错误，或者投资方案的确定不合理等。诸如此类的决策失误，会直接带来不必要的资金投入和人力、物力及财力的浪费，甚至造成不可弥补的损失。在这种情况下，合理地进行工程造价的确定与控制已经毫无意义了。因此，要达到工程造价的合理性，首先就要保证项目决策的正确性，避免决策失误。

（2）项目决策的内容是决定工程造价的基础。工程造价的确定与控制贯穿于项目建设全过程，但决策阶段各项技术经济决策，对该项目的工程造价有着重大影响，特别是建设标准水平的确定、建设地点的选择、工艺的评选、设备选用等，直接关系工程造价的高低。在项目建设各阶段中，投资决策阶段影响工程造价的程度最高，即达到80%～90%。因此，决策阶段项目决策的内容是决定工程造价的基础，直接影响着决策阶段之后的各个建设阶段工程造价的确定与控制是否科学、合理。

（3）造价高低、投资多少也影响项目决策。决策阶段的投资估算是进行投资方案选择的重要依据之一，同时也是决定项目是否可行及有关部门进行项目审批的参考依据。项目投资决策基础之一的经济可行性分析，简单来说，就是拟建项目投入与产出的比较，若投入大于产出，则项目的财务可行性存在问题。而拟建项目投入的大小，就是通过投资估算来体现的。因此，投资的多少及工程造价的高低将直接影响项目的投资决策。

（4）项目决策的深度影响投资估算的精确度，也影响工程造价的控制效果。投资决策过程，是一个不断深化的过程，投资决策的相应阶段和条件不同，投资估算的精确度也不同。另外，由于在项目建设各阶段中，即决策阶段、初步设计阶段、技术设计阶段、施工图设计阶段、工程招标投标及发承包阶段、施工阶段以及竣工验收阶段，通过工程造价的确定与控制，相应形成投资估算、设计概算、修正概算、施工图预算、承包合同价、结算价及竣工决算。这些造价形式之间存在着"前者控制后者、后者补充前者"这样的相互作用关系。按照"前者控制后者"的制约关系，意味着投资估算对其后面的各种形式造价起着制约作用，是项目投资的限额目标。由此可见，只有加强项目决策的深度，采用科学的估算方法和可靠的数据资料，合理地计算投资估算，保证投资估算的足额，才能保证其他阶段的造价被控制在合理范围内，使投资控制目标能够实现，避免建设项目投资"三超"现象的发生。

5.5.2　设计阶段影响工程造价的主要因素

1. 总平面设计
总平面设计是指总图运输设计和总平面配置。总平面设计主要包括的内容有：厂址方案、占地面积和土地利用情况；总图运输、主要建筑物和构筑物及公用设施的配置；外部运输，水、电、气及其他外部协作条件等。

正确、合理的总平面设计可以在很大程度上减少建筑工程量，节约建设用地，节省建设投资，降低工程造价和项目运行后的使用维护成本，加快建设进度，并为企业创造良好的生产组织、经营条件和生产环境；还可以创造出完美的建筑艺术整体。

总平面设计中影响工程造价的因素主要是现场条件、占地面积、功能分区、运输方案的选择。

（1）现场条件。现场条件是制约设计方案的重要因素之一。

1）地质、水文、气象条件对基础类型的选择、基础的埋深（持力层、冻土线）等均会产生影响。

2）地形、地貌对于平面布置及室外标高的确定会产生很大的影响。

3）场地大小、邻近建筑物地上附着物等会对平面布置、建筑层数、基础类型及埋深等产生影响。

（2）占地面积。在满足建设项目基本使用功能的基础上，应注重对占地面积的控制。一方面运用全过程造价管理的理论，通过控制建设项目占地面积，可以降低征地费用，降低管线布局成本；另一方面，要运用全生命周期造价管理的思想，考虑到占地面积对未来运营成本的影响，例如运营阶段的运输成本，占地的使用成本等。

（3）功能分区。通过对建设项目进行合理的功能分区，既可以使建筑物相互联系、相互制约，充分发挥其作用，又可以使总平面布置紧凑、安全。例如在建设施工阶段可以避免"大挖大填"，减少土石方量，节约用地，降低工程造价；在建设项目的运营期阶段，可以使生产工艺流程顺畅；考虑到全生命周期造价的影响，可以使得运输简便，降低项目的运输成本。

（4）运输方案的选择。针对不同的建设项目可以选择不同的运输方式，不同的运输方式其运输效率及成本不同。例如有轨运输运量大，运输安全，但需一次性投入大量资金；无轨运输无须一次性大规模投资，但是运量小，运输安全性较差。如果仅仅从降低工程造价的角度，则应尽可能选择无轨运输，以减少占地面积，节约投资。但是如果考虑到项目运营的需要或者运输量较大的情况，则有轨运输通常比无轨运输成本低。

2. 工艺设计

工艺设计是工程设计的核心，是根据工业企业生产的特点、生产性质和功能来确定的。工艺设计一般包括生产设备的选择、工艺流程设计、工艺定额的制定和生产方法的确定。工艺设计标准高低，不仅直接影响工程建设投资的大小和建设进度，而且还决定着未来企业的产品质量、数量和经营费用。在工艺设计过程中影响工程造价的因素主要包括生产方法、工艺流程和设备选型。在工业建筑中，设备及安装工程投资占有很大的比例，设备的选型不仅影响着工程造价，而且对生产方法及产品质量也有着决定性作用。

3. 建筑设计

建筑设计部分，首先要考虑到业主所要求的建筑标准。建筑标准的确定一般应根据建筑物和构筑物的使用性质、使用功能以及业主的经济实力等因素确定。当然对于重要或标志性的建筑，建筑标准可适当提高。同时在确定建筑标准的时候要运用全生命周期造价管理的思想；设计人员与造价咨询人员不仅要考虑到一次性建设费用，也要考虑在建设项目全生命周期阶段的维护和运营费用，使之在整体上达到最优。其次，设计单位或个人要在考虑施工过程的合理组织和施工条件的基础上，决定工程的立体平面设计和结构方案的工艺要求。针对建筑物和构筑物及公用辅助设施的设计标准，提出建筑工艺方案、暖气通风、给水排水等方面的简要说明。

在建筑设计的过程中，要提倡运用建筑集成设计管理的思想。在集成设计过程中，将表面似乎不相关的设计方面集成起来，达到"以较小成本实现较高性能并获得成倍效益"的目的。集成设计包括将可持续设计战略与设计标准集成，涉及建筑形式、功能、质量和成本等。实现集成设计的关键是要让各方面专家参与进来，这些专家包括总建筑师，以及照明和电力设计、内部设计、景观设计等方面的专家。在设计过程中通过各方面专家对关键问题的集中研究，可以寻找出以其他方式无法实现的高效解决方案。例如，在集成设计模式下，机械工程师可以在设计初期就分析出能源消耗和费用，并向设计者建议如何设计建筑朝向、构造、开窗方式、机械系统和照明系统，以达到节能的目的。集成设计最适合于新建工程和重大更新改造工程，若能在建筑规划和设计过程的早期来解决关键问题，则集成设计在降低全生命周期成本方面就能发挥更大的作用。

在建筑设计阶段影响工程造价的主要因素有以下四个方面：

（1）平面形状。一般地说，建筑物平面形状越简单，它的单位面积造价就越低。当一座建筑物的平面又长又窄，或者其外形复杂而不规则时，其周长与建筑面积的比率必将增加，导致室外工程、排水工程、砌砖工程及屋面工程等的复杂化，伴随而来的是较高的单位造价。一般来说，建筑物平面形状越简单，单位面积造价就越低，建筑物周长与建筑面积比 $K_周$（即单位建筑面积所占外墙长度）越低，设计越经济。虽然圆形建筑 $K_周$ 最小，但由于施工复杂，施工费用较矩形建筑增加 20% ~ 30%，故其墙体工程量的减少不能使建筑工程造价降低，而且使用面积有效利用率不高，用户使用不便。因此一般都建造矩形和正方形住宅，既有利于施工，又能降低造价、使用方便。在矩形住宅建筑中，又以长: 宽 = 2:1 为主。一般住宅单元以 3 ~ 4 个住宅单元、房屋长度为 60 ~ 80m 较为经济。

（2）结构形式。结构形式的选择既要满足安全性、适用性和耐久性的要求，同时又要考虑其经济性。对于大跨度结构，选用钢结构明显优于混凝土结构；对于高层或者超高层结构，框架结构和剪力墙结构比较经济。当然，结构形式的选择不仅与建筑物的特性有关，也与建筑物的地点与环境相关，例如对于抗震要求比较高的地区，混合结构由于整体性差，不宜采用。

（3）流通空间。建筑物平面经济布置的主要目标之一就是在满足建筑物使用要求的前提下，将流通空间减少到最小。门厅、过道、走廊、楼梯以及电梯井的流通空间都不能以获利为目的而加以使用，而且需要相当多的采暖、采光、清扫和装饰及其他方面的费用。

（4）空间组合。空间组合包括层高、层数、室内外高差的确定等因素。

1）层高的影响因素。在建筑面积不变的情况下，建筑层高增加会引起各项费用的增加，例如：有关粉刷、装饰费用的提高；供暖空间体积增加，导致热源及管道费用增加；卫生设备、上下水管道长度增加；楼梯间造价和电梯设备费用的增加；施工垂直运输量增加；如果出于层高增加而导致建筑物总高度增加很多，则还可能需要增加基础造价。层高设计中还需考虑采光与通风问题，层高过低不利于采光及通风，因此民用住宅的层高一般不宜低于 2.8m。

2）层数的影响因素。层数不同，则荷载不同，其对于基础的要求也不同，同时也影响着占地面积。一般而言，砖混结构房屋建筑层数为 5 ~ 6 层是比较经济的；在工业建筑中，多层厂房比单层厂房经济，但不宜超过 4 ~ 5 层；框架结构适合 15 层以下建筑；框架—剪力墙结构一般用于 10 ~ 20 层的建筑；剪力墙结构在楼高 30m 范围内都适用；筒体结构适合于 30 ~ 50 层的建筑。

随着住宅层数的增加，单方造价系数在逐渐降低，即层数越多越经济。但是边际造价系数也在逐渐减小，说明随着层数的增加，单方造价系数下降幅度减缓，当住宅层数超过 7 层,就要增加电梯费用，需要较多的交通面积（过道、走廊要加宽）和补充设备（供水设备和供电设备等）。特别是高层住宅，要经受较强的风力荷载，需要提高结构强度，改变结构形式，使工程造价大幅度上升。因此，中、小城市以建造多层住宅较为经济，大城市可沿主要街道建设一部分高层住宅,以合理利用空间,美化市容。对于土地特别昂贵的地区,为了降低土地费用,中、高层住宅是比较经济的选择。

3)室内外高差的影响因素。高差过大则建设项目的工程造价提高,高差过小又影响使用以及卫生要求。

4)其他影响因素。

①设计单位或个人的知识水平。设计者的知识水平对工程造价的影响是客观存在的。设计单位或个人要能够充分利用现代设计理念,运用科学的设计方法去优化设计成果,而且要善于将技术与经济相结合,运用价值工程理论去优化设计方案,并能够有效兼顾项目利益相关者的不同需求,从而达到通过设计阶段的成果有效降低工程造价的目的。设计单位或个人应及时与造价咨询人员进行沟通,使得造价咨询人员真正参与到设计工作中来,防止只注重技术性,不注重经济效果的情况发生。

②建筑材料。建筑材料费用一般占工程造价的60%左右。在设计中一般应优先考虑采用当地材料以控制工程造价。当地没有的或不生产的材料在不影响质量安全的条件下,应充分考虑替代材料。建筑材料费用不仅所占比重大,而且是建筑物主要荷载之一。适当采用新材料可以有效降低工程费用,从而进行造价控制。

③项目利益相关者。在设计过程中,不能只考虑工程建设项目的造价问题,应对业主、承包商、设计单位、建设单位、施工单位、监管机构等利益相关者的利益也要予以考虑,协调好相关方的关系。

④风险因素。设计阶段是确定建设工程总造价的一个重要阶段。该阶段决定着建设项目的总体造价,承担着重大风险,并对后续的工程招标投标和工程施工等阶段有着重要的影响。

第6章　工程施工招标投标阶段造价管理

6.1　施工招标方式和程序

6.1.1　施工招标的范围

1. 必须招标项目的范围

《招标投标法》第三条规定，在中华人民共和国境内进行下列工程建设项目，包括项目的勘察、设计、施工、监理以及与工程建设有关的重要设备、材料等的采购，必须进行招标：

（1）大型基础设施、公用事业等关系社会公共利益、公众安全的项目。

（2）全部或者部分使用国有资金投资或者国家融资的项目。

（3）使用国际组织或者外国政府贷款、援助资金的项目。

依据《招标投标法》的规定，由原国家发展计划委员会发布的《工程建设项目招标范围和规模标准规定》，对必须进行招标的工程建设项目的具体范围和规模标准做了进一步细化的规定。

（1）关系社会公共利益、公众安全的基础设施项目的范围。

1）煤炭、石油、天然气、电力、新能源等能源项目。

2）铁路、公路、管道、水运、航空以及其他交通运输业等交通运输项目。

3）邮政、电信枢纽、通信、信息网络等邮电通信项目。

4）防洪、灌溉、排涝、引（供）水、滩涂治理、水土保持、水利枢纽等水利项目。

5）道路、桥梁、地铁和轻轨交通、污水排放及处理、垃圾处理、地下管道、公共停车场等城市设施项目。

6）生态环境保护项目。

7）其他基础设施项目。

（2）关系社会公共利益、公众安全的公用事业项目的范围。

1）供水、供电、供气、供热等市政工程项目。

2）科技、教育、文化等项目。

3）体育、旅游等项目。

4）卫生、社会福利等项目。

5）商品住宅，包括经济适用住房。

6）其他公用事业项目。

（3）使用国有资金投资项目的范围。

1）使用各级财政预算资金的项目。

2）使用纳入财政管理的各种政府性专项建设基金的项目。

3）使用国有企业事业单位自有资金，并且国有资产投资者实际拥有控制权的项目。

（4）国家融资项目的范围。

1）使用国家发行债券所筹资金的项目。

2）使用国家对外借款或者担保所筹资金的项目。

3）使用国家政策性贷款的项目。

4）国家授权投资主体融资的项目。

5）国家特许的融资项目。

（5）使用国际组织或者外国政府资金的项目的范围。

1）使用世界银行、亚洲开发银行等国际组织贷款资金的项目。

2）使用外国政府及其机构贷款资金的项目。

3）使用国际组织或者外国政府援助资金的项目。

以上规定范围内的各类工程建设项目，包括项目的勘察、设计、施工、监理以及与工程建设有关的重要设备、材料等的采购，达到下列标准之一的，必须进行招标：

1）施工单项合同估算价在 200 万元人民币以上的。

2）重要设备、材料等货物的采购，单项合同估算价在 100 万元人民币以上的。

3）勘察、设计、监理等服务的采购，单项合同估算价在 50 万元人民币以上的。

4）单项合同估算价低于上述第 1）、2）、3）条规定的标准，但项目总投资额在 3000 万元人民币以上的。

省、自治区、直辖市人民政府根据实际情况，可以规定本地区必须进行招标的具体范围和规模标准，但不得缩小本规定中所确定的必须进行招标的范围。

国家发展计划委员会可以根据实际需要，会同国务院有关部门对本规定确定的必须进行招标的具体范围和规模标准进行部分调整。

2. 可以不进行招标情况的规定

（1）可以不进行招标的建设项目。《招标投标法》第六十六条规定，涉及国家安全、国家秘密、抢险救灾或者属于利用扶贫资金实行以工代赈、需要使用农民工等特殊情况，不适宜进行招标的项目，按照国家有关规定可以不进行招标。

《招标投标法实施条例》第九条规定，除《招标投标法》第六十六条规定的可以不进行招标的特殊情况外，有下列情形之一的，可以不进行招标：

1）需要采用不可替代的专利或者专有技术。

2）采购人依法能够自行建设、生产或者提供。

3）已通过招标方式选定的特许经营项目投资人依法能够自行建设、生产或者提供。

4）需要向原中标人采购工程、货物或者服务，否则将影响施工或者功能配套要求。

5）国家规定的其他特殊情形。

招标人为适用前款规定弄虚作假的，属于《招标投标法》第四条规定的规避招标。

（2）可以不进行招标的工程施工项目。

《工程建设项目施工招标投标办法（2013 年修订)》（七部委［2003］第 30 号令）第十二条规定，依法必须进行施工招标的工程建设项目有下列情形之一的，可以不进行施工招标：

1）涉及国家安全、国家秘密、抢险救灾或者属于利用扶贫资金实行以工代赈需要使用农民工等特殊情况，不适宜进行招标。

2）施工主要技术采用不可替代的专利或者专有技术。

3）已通过招标方式选定的特许经营项目投资人依法能够自行建设。

4）采购人依法能够自行建设。

5）在建工程追加的附属小型工程或者主体加层工程，原中标人仍具备承包能力，并且其他人承担将影响施工或者功能配套要求。

6）国家规定的其他情形。

6.1.2 施工招标的方式

目前国内、外市场上使用的建设工程施工招标方式主要有以下几种。

1. 公开招标

公开招标是指招标人通过报刊、广播、电视、信息网络或其他媒介，公开发布招标广告，招揽不特定的法人或其他组织参加投标的招标方式。公开招标的形式一般对投标人的数量不予限制，故也称为"无限竞争性招标"。

公开招标的招标广告一般应载明招标工程概况（包括招标人的名称和地址、招标工程的性质、实施地点和时间、内容、规模、占地面积、周围环境、交通运输条件等），对投标人的资历及其资格预审要求，招标日程安排，招标文件获取的时间、地点、方法等重要事项。

国内依法必须进行公开招标项目的招标公告，应当通过国家指定的报刊、信息网络等媒介发布。

采用公开招标的主要优势是：

第一，有利于招标人获得最合理的投标报价，取得最佳投资效益。由于公开招标是无限竞争性招标，竞争相当激烈，使招标人能切实做到"货比多家"，有充分的选择余地。招标人利用投标人之间的竞争，一般都易选择出质量最好、工期最短、价格最合理的投标人承建工程，使自己获得较好的投资效益。

第二，有利于学习国外先进的工程技术及管理经验。公开招标竞争范围广，往往打破国界。例如，我国鲁布革水电站项目引水系统工程，采用国际竞争性公开招标方式招标，日本大成公司中标，不但中标价格大大低于标底，而且在工程实施过程中还学到了外国工程公司先进的施工组织方法和管理经验，引进了国外工程建设项目施工的"工程师"制度，由工程师代表业主监督工程施工，并作为第三方调解业主与承包人之间发生的一些问题和纠纷。这对于提高我国建筑企业的施工技术和管理水平无疑具有较大的推动作用。

第三，有利于提高各工程承包企业的工程建造质量、劳动生产率及投标竞争能力。采用公开招标能够保证所有合格的投标人都有机会参加投标，都以统一的客观衡量标准，衡量自身的生产条件，这促使各工程承包企业在竞争中按照国际先进水平来发展自己。

第四，公开招标是根据预先制定并众所周知的程序和标准公开而客观地进行的，因此一般能防止招标投标过程中作弊情况的发生。

但是，公开招标也不可避免地存在这样一些问题：其一，公开招标所需费用较大，时间较长。其二，公开招标需准备的文件较多，工作量较大且各项工作的具体实施难度较大。

公开招标的形式主要适用于：政府投资或融资的建设工程项目；使用世界银行、国际性金融机构资金的建设工程项目；国际上的大型建设工程项目；关系社会公共利益、公共安全的基础设施建设工程项目及公共事业项目等。

《招标投标法实施条例》中规定，按照国家有关规定需要履行项目审批、核准手续的依法必须进行招标的项目，其招标范围、招标方式、招标组织形式应当报项目审批、核准部门审批、核准。项目审批、核准部门应当及时将审批、核准确定的招标范围、招标方式、招标组织形式通报有关行政监督部门。

2. 邀请招标

邀请招标是指招标人以投标邀请书的方式直接邀请若干家特定的法人或其他组织参加投标的招标形式。由于投标人的数量是招标人确定的、有限制的，所以又称为"有限竞争性招标"。

《招标投标法实施条例》中规定，国有资金占控股或者主导地位的依法必须进行招标的项目，应当公开招标，但有下列情形之一的，可以邀请招标：

（1）技术复杂、有特殊要求或者受自然环境限制，只有少量潜在投标人可供选择。

（2）采用公开招标方式的费用占项目合同金额的比例过大。

采用公开招标方式的费用占项目合同金额的比例过大的项目，由项目审批、核准部门在审批、核准项目时做出认定；其他项目由招标人申请有关行政监督部门做出认定。

招标人采用邀请招标方式时，特邀的投标人一般应不少于三家。被邀请的投标人必须是资信良好、能胜任招标工程项目实施任务的单位。通常根据下列条件进行选择：一是该单位当前和过去的财务状况均良好；二是该单位近期内成功地承包过与招标工程类似的项目，有较丰富的经验；三是该单位有较好的信誉；四是该单位的技术装备、劳动力素质、管理水平等均符合招标工程的要求；五是该单位在施工期内有足够的力量承担招标工程的任务。总之，被邀请的投标人必须在资金、能力、信誉等方面都能胜任招标工程。

邀请招标与公开招标相比，其好处主要表现在：

第一，招标所需的时间较短，且招标费用较省。一般而言，由于邀请招标时，被邀请的投标人都是经招标人事先选定，具备对招标工程投标资格的承包企业，故无须再进行投标人资格预审；又由于被邀请的投标人数量有限，可相应减少评标阶段的工作量及费用开支，因此邀请招标能以比公开招标更短的时间、更少的费用结束招标投标过程。

第二，投标人不易串通抬价。因为邀请招标不公开进行，参与投标的承包企业不清楚其他被邀请人，所以，在一定程度上能避免投标人之间进行接触，使其无法串通抬价。

邀请招标形式与公开招标形式比较，也存在明显不足，主要是：不利于招标人获得最优报价，取得最佳投资效益。这是由于邀请招标时，由业主选择投标人，业主的选择相对于广阔、发达的市场，不可避免地存在一定局限性，加上邀请招标的投标人数量既定，竞争有限，可供业主比较、选择的范围相对狭小，也就不易使业主获得最合理的报价。

一般而言，邀请招标形式在大多数国家和地区都只适用于私人投资建设的项目，以及中、小型建设工程项目。

3. 综合性招标

综合性招标是指招标人将公开招标和邀请招标这两种形式结合起来进行的招标。综合性招标的具体做法是：先进行公开招标，开标后，经过按照一定的标准评价，从中选出若干家投标单位（一般选三至四家），再对他们进行邀请招标。通过对被邀请投标人投标书的评价，最后从中决定中标人。

综合性招标只限于两种情况采用：一是公开招标时尚不能决定工程内容的工程或招标人缺乏经营经验的新项目、大型项目；二是公开招标开标后，所有的投标报价都不满足招标人的要求。

由于综合性招标只适用于上述两种特殊情况，且所需时间过程比较长，费用比较高，所以，一般情况下都不宜采用这种方式招标。

6.1.3 招标工作的组织方式

招标组织形式可分为委托招标和自行招标。依法必须招标的项目经批准后，招标人根据项目实际情况需要和自身条件，可以自主选择招标代理机构进行委托招标。如具备自行招标的能力，按规定向主管部门备案同意后，也可进行自行招标。

《招标投标法》第十二条规定，招标人有权自行选择招标代理机构，委托其办理招标事宜。任何单位和个人不得以任何方式为招标人指定招标代理机构。第十五条规定，招标代理机构应当在招标人委托的范围内办理招标事宜，并遵守本法关于招标人的规定。以上规定表明：

（1）有权自主选择。招标人有权自主选择招标代理机构，不受任何单位和个人的影响和干预。任何单位包括招标人的上级主管部门和个人都不得以任何方式，为招标人指定招标代理机构。

（2）授权委托代理。招标人和招标代理机构的关系是委托代理关系。招标代理机构应当与招标人签订书面委托合同，在委托范围内，以招标人的名义组织招标工作和完成招标任务。招标代理机构不得无权代理、越权代理，不得明知委托事项违法而进行代理。

6.1.4 施工招标的程序

施工招标分为公开招标与邀请招标，公开招标有资格预审和资格后审两种方法，邀请招标没有资格预审的环节，而直接发出投标邀请书，在评标时进行资格后审。

1. 建设工程项目报建

根据《工程建设项目报建管理办法》的规定，凡在我国境内投资兴建的工程建设项目，都必须实行报建制度，接受当地建设行政主管部门的监督管理。

建设工程项目报建，是建设单位开展招标活动的前提，报建的内容主要包括：工程名称、建设地点、投资规模、工程规模、发包方式、计划开竣工日期和工程筹建情况。

在建设工程项目的立项批准文件或投资计划下达后，建设单位根据《工程建设项目报建管理办法》规定的要求进行报建，并由建设行政主管部门审批。具备招标条件的，方可开始办理建设单位资质审查。

2. 审查建设单位资质

审查建设单位资质是指政府招标管理机构审查建设单位是否具备自行招标条件。对不具备自行招标条件的建设单位，须委托具有相应资质的中介机构代理招标，建设单位与中介机构签订委托代理招标的协议，并报招标管理机构备案。

3. 招标申请

招标单位填写工程建设项目招标申请表，并经上级主管部门批准后，连同工程建设项目报建审查登记表一起报招标管理机构审批。

申请表的主要内容包括：工程名称、建设地点、招标建设规模、结构类型、招标范围、招标方式、要求施工企业资质等级、施工前期准备情况（土地征用、拆迁情况、勘察设计情况、施工现场条件等）、招标机构组织情况等。

一般的，工程施工招标应当完善下列条件：

（1）办理了工程项目计划批文。

（2）招标人依法办理了招标登记。

（3）办妥建设工程用地手续。

（4）办妥建设工程规划有关手续。

（5）施工现场已基本具备"三通一平"条件，能满足施工要求。

（6）有满足施工需要的施工图及技术资料。

（7）建设资金已落实或部分落实（资金落实是指建设工期不足一年的，到位资金不得少于合同价的50%；建设工期超过一年的，到位资金不得少于合同价的30%）。

4. 发布资格预审公告、招标公告或投标邀请书

采用公开招标方式的，招标人应当发布招标公告，邀请不特定的法人或者其他组织投标。采用公开招标时，招标人采用资格预审办法对潜在投标人进行资格审查的，应当发布资格预审公告、编制资格预审文件。

依法必须进行招标的项目的资格预审公告和招标公告，应当在国务院发展改革部门依法指定的媒介发布。在不同媒介发布的同一招标项目的资格预审公告或者招标公告的内容应当一致。指定媒介发布依法必须进行招标的项目的境内资格预审公告、招标公告，不得收取费用。

采用邀请招标方式的，招标人应当向三家以上具备承担施工招标项目的能力、资信良好的特定的法人或者其他组织发出投标邀请书。

5. 资格预审文件与招标文件的编制与送审

资格预审文件是指公开招标时，招标人要求对投标的施工单位进行资格预审，只有通过资格预审的施工单位才可以参加投标。

编制依法必须进行招标的项目的资格预审文件和招标文件，应当使用国务院发展改革部门会同有关行政监督部门制定的标准文本。

资格预审文件和招标文件都必须经过招标管理机构审查，审查同意后方可刊登资格预审公告、招标公告。

6. 出售资格预审文件或招标文件

招标人应当按资格预审公告规定的时间、地点发售资格预审文件；按招标公告或者投标邀请书规定的时间、地点发售招标文件。资格预审文件或者招标文件的发售期不得少于5日。

招标人可以通过信息网络或者其他媒介发布招标文件，通过信息网络或者其他媒介发布的招标文件与书面招标文件具有同等法律效力，但出现不一致时以书面招标文件为准。招标人应当保持书面招标文件原始正本的完好。

对招标文件或者资格预审文件的收费应当合理，不得以盈利为目的。对于所附的设计文件，招标人可以向投标人酌情收取押金；对于开标后投标人退还设计文件的，招标人应当向投标人退还押金。

招标文件或资格预审文件售出后，不予退还。招标人在发布招标公告、发出投标邀请书后或者售出招标文件或资格预审文件后不得擅自终止招标。

招标人可以对已发出的资格预审文件进行必要的澄清或者修改。澄清或者修改的内容可能影响资格预审申请文件编制的，招标人应当在提交资格预审申请文件截止时间至少 3d 前，以书面形式通知所有获取资格预审文件的潜在投标人；不足 3d 的，招标人应当顺延提交资格预审申请文件的截止时间。

招标人可以对已发出的招标文件进行必要的澄清或者修改。澄清或者修改的内容可能影响投标文件编制的，招标人应当在投标截止时间至少 15d 前，以书面形式通知所有获取招标文件的投标人或者潜在投标人；不足 15d 的，招标人应当顺延提交投标文件的截止时间。

潜在投标人或者其他利害关系人对资格预审文件有异议的，应当在提交资格预审申请文件截止时间 2d 前提出；对招标文件有异议的，应当在投标截止时间 10d 前提出。招标人应当自收到异议之日起 3d 内作出答复；作出答复前，应当暂停招标投标活动。

7. 投标人资格审查

招标人可以根据招标项目本身的特点和需要，要求潜在投标人或者投标人提供满足其资格要求的文件，对潜在投标人或者投标人进行资格审查；法律、行政法规对潜在投标人或者投标人的资格条件有规定的，依照其规定。

资格审查分为资格预审和资格后审。资格预审，是指在投标前对潜在投标人进行的资格审查。资格后审，是指在开标后对投标人进行的资格审查。

进行资格预审的，一般不再进行资格后审，但招标文件另有规定的除外。

采取资格预审的，招标人应当合理确定提交资格预审申请文件的时间。依法必须进行招标的项目提交资格预审申请文件的时间，自资格预审文件停止发售之日起不得少于 5d。

采取资格预审的，招标人应当在资格预审文件中载明资格预审的条件、标准和方法；采取资格后审的，招标人应当在招标文件中载明对投标人资格要求的条件、标准和方法。招标人不得改变载明的资格条件或者以没有载明的资格条件对潜在投标人或者投标人进行资格审查。

经资格预审后，招标人应当及时向资格预审合格的潜在投标人发出资格预审合格通知书，告知获取招标文件的时间、地点和方法，并同时向资格预审不合格的潜在投标人告知资格预审结果。资格预审不合格的潜在投标人不得参加投标。通过资格预审的申请人少于 3 个的，应当重新招标。经资格后审不合格的投标人的投标应当作废标处理。

资格审查应主要审查潜在投标人或者投标人是否符合下列条件：

（1）具有独立订立合同的权利。

（2）具有履行合同的能力，包括专业、技术资格和能力，资金、设备和其他物质设施状况，管理能力、经验、信誉和相应的从业人员。

（3）没有处于被责令停业，投标资格被取消，财产被接管、冻结、破产状态。

（4）在最近三年内没有骗取中标和严重违约及重大工程质量问题。

（5）法律、行政法规规定的其他资格条件。

资格审查时，招标人不得以不合理的条件限制、排斥潜在投标人或者投标人，不得对潜在投标人或者投标人实行歧视对待。任何单位和个人不得用行政手段或者其他不合理方式限制投标人的数量。不得强制其委托招标代理机构办理招标事宜。

8. 踏勘现场

招标人根据招标项目的具体情况，可以组织通过资格预审的潜在投标人踏勘现场，目的在于了解工程场地和周围环境情况，以获取潜在投标人认为有必要的信息。招标人不得组织单个或者部分潜在投标人踏勘项目现场。

9. 投标预备会

投标预备会由招标单位组织。目的在于澄清招标文件中的疑问，解答投标单位对招标文件和踏勘现场中所提出的问题，并以书面形式同时送达所有获得招标文件的投标人或潜在投标人。

10. 招标控制价的编制与送审

政府投资项目施工招标需要编制招标控制价，当招标文件的商务条款一经确定，即可开始编制。招标控制价是工程项目限定的最高工程造价，也可称其为拦标价、预算控制价或最高报价等。招标控制价编制完后应将必要的资料报送招标管理机构审定并公布。

11. 投标文件的接收

投标单位根据招标文件的要求，编制投标文件，并进行密封和标识，在投标截止时间前按规定的地点递交至招标单位。招标单位接收投标文件并将其秘密封存。

12. 开标

开标时间一般为投标截止时间的同一时间，按招标文件规定的时间、地点，在投标单位法定代表人或授权代理人在场的情况下举行开标会议，按规定的议程进行公开开标。

13. 评标

按有关规定成立评标委员会，在招标管理机构监督下，依据评标原则、评标方法，对投标单位的报价、工期、质量、施工方案、以往业绩、社会信誉、优惠条件等方面进行综合评价。公正合理地择优选择中标单位。

14. 定标

中标单位选定后，由招标管理机构核准，获准后招标单位向中标单位发出中标通知书。

15. 合同签订

招标人与中标人自中标通知书发出之日起 30 日内，按招标文件和中标人的投标文件的有关内容签订书面合同。

6.2 施工招标投标文件组成

1. 封面格式

《标准施工招标文件》封面格式包括下列内容：项目名称、标段名称（如有）、标识出"招标文件"这 4 个字、招标人名称和单位印章、时间。

2. 招标公告或投标邀请书

招标公告或投标邀请书是《标准施工招标文件》的第一章。对于未进行资格预审项目的公开招标项目，招标文件应包括招标公告；对于邀请招标项目，招标文件应包括投标邀请书；对于已经进行资格预审的项目，招标文件也应包括投标邀请书（代替资格预审合格通知书）。

3. 投标人须知

投标人须知是招标投标活动应遵循的程序规则和对投标的要求。但投标人须知不是合同文件的组成部分，有合同约束力的内容应在构成合同文件组成部分的合同条款、技术标准与要求等文件中界定。

投标人须知包括投标人须知前附表、正文和附表格式等内容。

（1）投标人须知前附表。投标人须知前附表的主要作用有两个方面，一是将投标人须知中的关键内容和数据摘要列表，起到强调和提醒的作用，为投标人迅速掌握投标人须知内容提供方便，但必须与招标文件相关章节内容衔接一致；二是对投标人须知正文中应由前附表明确的内容给予具体约定。

（2）总则。投标人须知正文中的"总则"由下列内容组成：

1）项目概况。应说明项目已具备的招标条件、项目招标人、招标代理机构、项目名称、建设地点等。

2）资金来源和落实情况。应说明项目的资金来源、出资比例、资金落实情况等。

3）招标范围、计划工期和质量要求。应说明招标范围、计划工期和质量要求等。对于招标范围，应采用工程专业术语填写；对于计划工期，由招标人根据项目建设计划来判断填写；对于质量要求，根据现行国家、行业颁布的建设工程施工质量验收统一标准来填写，注意不要与各种质量奖项混淆。

4）投标人资格要求。对于已进行资格预审的，投标人应是符合资格预审条件，并且收到招标人发出投标邀请书的单位；对于未进行资格预审的，应在此按照招标公告规定投标人资格要求。

5）保密。要求参加招标投标活动的各方应对招标文件和投标文件中的商务和技术等秘密保密。

6）语言文字。可要求除专用术语外均使用中文。

7）计量单位。所有计量单位均采用中华人民共和国法定计量单位。

8）踏勘现场。招标人根据项目的具体情况可以组织潜在投标人踏勘项目现场，向其介绍工程场地和相关环境的有关情况。

9）投标预备会。是否召开投标预备会，以及何时召开，由招标人根据项目具体需要和招标进程安排确定。

10）分包。由招标人根据项目具体特点来判断是否允许分包。如果允许分包，可进一步明确分包内容的名称或要求，以及分包项目金额和资质条件等方面的限制。

11）偏离。偏离即《评标委员会和评标方法暂行规定》中招标人根据项目的具体特点来设定非实质性要求和条件允许偏离的范围和幅度。

（3）招标文件。招标文件是对招标投标活动具有法律约束力的最主要文件。

1）投标人须知应该阐明招标文件的组成、招标文件的澄清和修改。投标人须知中没有载明具体内容的，不构成招标文件的组成部分，对招标人和投标人没有约束力。

2）招标文件的组成内容包括：招标公告（或投标邀请书，视情况而定），投标人须知，评标办法，合同条件及格式，工程量清单，图纸，技术标准和要求，投标文件格式，投标人须知前附表规定的其他材料。招标人根据项目具体特点来判定投标人须知前附表中载明需要补充的其他材料，如地质勘查报告等。

3）招标文件的澄清与修改。当投标人对招标文件有疑问时，可以要求招标人对招标文件予以澄清；招标人可以主动修改招标文件。招标人对已发出的招标文件进行必要的澄清或修改时，应当在招标文件要求提交投标文件的截止时间至少15d前，以书面形式通知所有招标文件接受人，但不指明澄清问题的来源。招标文件的澄清与修改构成招标文件的组成部分。

（4）投标文件。投标文件是投标人响应和依据招标文件向招标人发出的要约文件。

1）招标人在投标人须知中对投标文件的组成、投标报价、投标有效期、投标保证金、资格审查资料、备选方案和投标文件的编制和递交提出明确要求。

2）投标文件的组成内容有：投标函及投标函附录、法定代表人身份证明或附有法定代表人身份证明的授权委托书、联合体协议书（如果有）、投标保证金、报价工程量清单、施工组织设计、项目管理机构、拟分包项目情况表、资格审查资料、投标人须知前附表规定的其他材料。其中，"施工组织设计"一般归类为技术文件，其余归类为商务文件。

3）投标有效期。投标有效期从投标截止时间起开始计算，主要用来满足组织并完成开标、评标、定标以及签订合同等工作所需要的时间。因此，关于投标有效期通常需要在招标文件中做出如下规定：

①投标人在投标有效期内不得要求撤销或修改其投标文件。

②投标有效期延长。必要时，招标人可以书面通知投标人延长投标有效期。此时，投标人可以有两种选择：同意延长，并相应延长投标保证金有效期，但不得要求被允许修改或撤销其投标文件；拒绝延长，投标文件失效，但有权收回其投标保证金。

③投标保证金。投标保证金是在招标投标活动中投标人随投标文件一同递交给招标人的一定形式、一定金额的投标责任担保，主要目的一是担保投标人在招标人定标前不得撤销其投标，二是担保投标人在被招标人宣布为中标人后即受合同的约束，不得反悔或者改变其投标文件中的实质性内容，否则其投标保证金将被招标人没收。

④招标文件中一般应对投标保证金做出下列规定：

投标保证金的形式、数额、期限。投标保证金的形式一般有：银行电汇、银行汇票、银行保函、信用证、支票、现金或招标文件中规定的其他形式。投标保证金的数额也应当符合有关规定。

联合体投标人（如有）如何递交投标保证金。

不按要求提交投标保证金的后果。

投标保证金的退还条件和退还时间。关于投标保证金的退还通常考虑下列因素：合同协议书是否签订；履约保证金是否提交；投标保证金有效期是否期满。《标准施工招标文件》规定，招标人与中标人签订合同后5个工作日内，向未中标的投标人和中标人退还投标保证金及同期银行存款利息。

投标保证金不予退还的情形。出现下列两种情形之一的，投标保证金将不予退还：①投标人在规定的投标有效期内撤销或修改其投标文件；②中标人在收到中标通知书后，无正当理由拒签合同协议或未按招标文件规定提交履约担保。

4）资格审查资料。资格审查资料可根据是否已经组织资格预审提出相应的要求。已经组织资格预审的资格审查资料分为两种情况：①当评标办法对投标人资格条件不进行评价时，投标人资格预审阶段的资格审查资料没有变化的，可不再重复提交；②资格预审阶段的资格审查资料有变化的，按新情况更新或补充，当评标办法对资格条件进行综合评价或者评分时，按招标文件要求提交资格审查资料。

未组织资格预审或约定要求递交资格审查资料的，一般包括如下内容：①投标人基本情况；②近年财务状况；③近年完成的类似项目情况；④正在施工和新承接的项目情况；⑤信誉资料，如近年发生的诉讼及仲裁情况；⑥允许联合体投标的资料。

5）备选方案。如果招标文件允许提交备选标或者备选投标方案，投标人除编制提交满足招标文件要求的投标方案外，另行编制提交的备选投标方案或者备选标。利用投标备选方案，可以充分发挥投标人的竞争潜力，使项目的实施方案更具科学性、合理性和可操作性，并弥补招标人在编制招标文件乃至在项目策划或者设计阶段的经验不足和考虑欠佳。被选用的备选方案一般能够带来"双赢"的局面，根据《工程建设项目施工招标投标办法》第五十四条的规定，只有排名第一的中标候选人的备选投标方案才可予以考虑，即评标委员会才予以评审。

6）投标文件的编制。投标文件的编制可做如下要求。①语言要求，投标文件所使用的语言应符合招标文件的规定；②格式要求，投标文件应按照招标文件规定的格式编写；③实质性响应，《招标投标法》第二十七条规定，投标文件应当对招标文件提出的实质性要求和条件做出响应，例如，投标文件应当对有关工期、投标有效期、质量要求、主要技术标准和要求、招标范围等实质性内容做出响应；④打印要求，例如，要求使用不褪色的材料书写或打印；⑤错误修改要求，例如，要求改动之处应加盖单位章或由投标人的法定代表人或其授权的代理人签字确认；⑥签署要求，例如，要求投标文件由投标人的法定代表人或其委托代理人签字并加盖单位公章，委托代理人签字的，投标文件应附法定代表人签署的授权委托书；⑦份数要求，例如，规定正本一份，副本两份；⑧装订要求，例如，规定正本和副本应分别装订。

（5）投标。投标包括投标文件的密封和标识、投标文件的递交时间和地点、投标文件的修改和撤回等规定。

（6）开标。开标包括开标时间、地点和开标程序等规定。

（7）评标。评标包括评标委员会、评标原则和评标方法等规定。

（8）合同授予。合同授予包括定标方式、中标通知、履约担保和签订合同。

1）定标方式，定标方式通常有两种：招标人授予评标委员会直接确定中标人；评标委员会推荐1~3名中标候选人，由招标人依法确定中标人。

2）中标通知，确定中标人后，招标人应当向中标人发出中标通知书，并同时将中标结果通知所有未中标的投标人。

3）履约担保，签订合同前，中标人应按照招标文件规定的担保形式、金额和履约担保格式向招标人提交履约担保。履约担保的主要目的有两个：担保中标人按照合同约定正常履约，在中标人未能圆满实施合同时，招标人有权得到资金赔偿；约束招标人按照合同约定正常履约。

招标人应在招标文件中对履约担保做出如下规定：①履约担保的金额，一般约定为签约合同价的5%～10%；②履约担保的形式，一般有银行保函、非银行保函、保兑支票、银行汇票、现金和现金支票等；③履约担保格式，通常招标人会规定履约担保格式，为了方便投标人，招标人也可以在招标文件履约担保格式中说明投标人可以提供招标人可接受的其他履约担保格式；④未提交履约担保的后果，如果中标人不能按要求提交履约担保，视为放弃中标，投标保证金不予退还，给招标人造成的损失超过投标保证金数额的，中标人还应当对超过部分予以赔偿。

4）签订合同。在投标人须知中应就签订合同做出如下规定。签订时限，招标人和中标人应当自中标通知书发出之日起30d内，按照中标通知书、招标文件和中标人的投标文件订立书面合同。

未签订合同的后果。中标人无正当理由拒签合同的，招标人将取消其中标资格，其投标保证金不予退还；给招标人造成的损失超过投标保证金数额的，中标人还应当对超过部分予以赔偿。发出中标通知书后，招标人无正当理由拒签合同的，招标人向中标人退还投标保证金；给中标人造成损失的，还应当赔偿损失。

（9）重新招标和不再招标。

1）重新招标。根据《评标委员会和评标方法暂行规定》第二十七条的规定，投标人少于3个或所有投标被否决的，招标人应当依法重新招标。评标委员会否决所有投标包含了两层意思：所有投标均被否决或有效投标不足3个的；评标委员会经过评审后认为投标明显缺乏竞争，从而否决全部投标。

2）不再招标。重新招标后投标人仍少于3个或者所有投标被否决的，属于必须审批或核准的工程建设项目，经原审批和核准部门批准后不再进行招标。

（10）纪律和监督。纪律和监督可分别包括对招标人、投标人、评标委员会、与评标活动有关的工作人员的纪律要求以及投诉监督。

（11）附表格式。附表格式包括了招标活动中需要使用的表格文件格式，通常有开标记录表、问题澄清通知、问题的澄清、中标通知书、中标结果通知书、确认通知书等。

4. 评标办法

招标文件中的评标办法主要包括选择评标方法、确定评审因素和标准以及确定评标程序三方面内容。

（1）评标方法。评标方法一般包括经评审的最低投标价法、综合评估法和法律、行政法规允许的其他评标方法。

（2）评审因素和标准。招标文件应针对初步评审和详细评审分别制定相应的评审因素和标准。

（3）评标程序。评标工作一般包括初步评审、详细评审、投标文件的澄清和补正及评标结果等具体程序。

1）初步评审，按照初步评审因素和标准评审投标文件，进行废标认定和投标报价算术错误修正。

2）详细评审，按照详细评审因素和标准分析、评定投标文件。

3）投标文件的澄清和补正。初步评审和详细评审阶段，评标委员会可以书面形式要求投标人对投标文件中不明确的内容进行书面澄清和说明，或者对细微偏差进行补正。

4）评标结果，对于最低投标价法，评标委员会按照经评审的评标价格由低到高的顺序推荐中标候选人；对于综合评估法，评标委员会按照得分由高到低的顺序推荐中标候选人。评标委员会按照招标人授权，可以直接确定中标人。评标委员会完成评标后，应当向招标人提交书面评标报告。

5. 合同条款及格式

《合同法》第二百七十五条规定，施工合同的内容包括工程范围、建设工期、中间交工工程的开工和竣工时间、工程质量、工程造价、技术资料交付时间、材料和设备供应责任、拨款和结算、竣工验收、质量保修范围和质量保证期、双方相互协作等条款。为了提高效率，招标人可以采用《标准施工招标文件》，或者结合行业合同示范文本的合同条款编制招标项目的合同条款。

《标准施工招标文件》的合同条款包括一般约定，发包人义务，有关监理单位的约定，有关承包人义务的约定，材料和工程设备，施工设备和临时设施，交通运输，测量放线、施工安全、治安保卫和环境保护，进度计划，开工和竣工，暂停施工，工程质量，试验和检验，变更与变更的估价原则，价格调整原则，计量与支付，竣工验收，缺陷责任与保修责任，保险，不可抗力，违约，索赔，争议的解决等。

合同附件格式包括合同协议书、履约担保书、预付款担保书、质量保修书等格式文件。

6. 工程量清单

（1）工程量清单的概念。工程量清单是载明建设工程分部（分项）工程项目、措施项目、其他项目的名称和相应数量以及规费、税金项目等内容的明细清单。

（2）工程量清单包含的内容。

1）工程量清单内容：招标工程量清单封面、招标工程量清单扉页、工程计价总说明、分部（分项）工程和措施项目计价表、总价措施项目清单与计价表、其他项目计价表（工程量清单中此表不含索赔与现场签证计价汇总表、费用索赔申请表及现场签证表等三个表格）、规费税金项目计价表、主要材料工程设备一览表等表格内容。

2）总说明应按下列内容填写。

工程概况：建设规模、工程特征、计划工期、施工现场实际情况、自然地理条件、环境保护要求等。

工程招标和专业工程发包范围。

工程量清单编制依据。

工程质量、材料、施工等的特殊要求。

其他需要说明的问题。

7. 图纸

设计图是合同文件的重要组成部分，是编制工程量清单以及投标报价的重要依据，也是进行施工及验收的依据。通常招标时的图纸并不是工程所需的全部图纸，在投标人中标后还会陆续颁发新的图纸以及对招标时的图纸进行修改。因此，在招标文件中，除了附上招标图纸外，还应该列明图纸目录。图纸目录一般包括序号、图名、图号、版本、出图日期等。

图纸目录以及相对应的图纸将对施工过程的合同管理以及争议发挥重要作用。

8. 技术标准和要求

技术标准和要求也是构成合同文件的组成部分。技术标准的内容主要包括各项工艺指标、施工要求、材料检验标准，以及各分部（分项）工程施工成型后的检验手段和验收标准等。

9. 投标文件格式

投标文件格式的主要作用是为投标人编制投标文件提供固定的格式和编排顺序，以规范投标文件的编制，同时便于评标委员会评标。

6.3　建设工程施工合同

6.3.1　建设工程施工合同的概念和特点

建设工程施工合同是发包人与承包人就完成具体工程项目的建设施工、设备安装、设备调试、工程保修等工作内容，确定合同双方当事人的权利和义务的协议。建设工程施工合同是建设工程合同的主要合同类型，是工程建设投资控制、质量控制、进度控制的主要依据。与其他建设工程合同一样，是双务有偿合同，在订立时应遵守自愿、公平、诚实信用等原则。

施工的发包人可能是以下单位：项目法人、工程开发企业、施工总承包企业或专业承包企业。施工的承包人可能是以下单位：施工总承包企业或总承包企业、专业承包企业或劳务分包企业。

根据法律法规的规定和实践的总结，建设工程施工合同通常具有以下特点。

1. 建设工程施工合同应当采用书面形式

《合同法》第二百七十条规定：建设工程合同应当采用书面形式。建设工程合同涉及的标的通常较大，履行期限较长，涉及内容也较多，采用书面形式可以明确合同各方的权利与义务，防止当事人之间因分歧、变化或其他履行事项发生争议，导致合同履行困难。

2. 建设工程施工合同主体资格的特殊要求

（1）发包人主体资格要求。现行法律规范对建设工程施工合同的发包人并没有做出直接的资格规定，因此，法人或其他组织及自然人均可以作为发包人，同时根据《招标投标法》第八条规定，招标人是依据本法规定提出招标项目、进行招标项目的法人或者其他组织，故招标人必须是法人或其他组织。

尽管法律并未对发包人主体资格做特定要求，但须强调的是，发包人从事房地产开发经营的，应当取得房地产开发资质等级证书。

（2）承包人主体资格要求。现行法律法规对建设工程施工合同的承包人规定了特别资质要求，作为建设工程施工合同的承包人应具备相应的资质等级，并在其资质等级许可的范围内从事建筑活动。

《建筑法》第十三条规定"从事建筑活动的建筑施工企业、勘察单位、设计单位和工程监理单位，按照其拥有的注册资本、专业技术人员、技术装备和已完成的建筑工程业绩等资质条件，划分为不同的资质等级，经资质审查合格，取得相应等级的资质证书后，方可在其资质等级许可的范围内从事建筑活动。"建设工程合同的承包人未取得建筑施工企业资质或超越资质等级从事建设工程合同无效。

（3）建设工程施工合同订立和履行受到监管。建设工程合同属于《合同法》规定的有名合同，其订立和履行必然应当同时符合《合同法》所确立的原则及规则，如平等自愿原则、公平原则、诚实信用原则以及若干具体的合同订立及履行规则等。此外，建设工程施工合同的订立和履行还受到较多的管理和监督，该管理和监督不仅体现为违法将导致建设工程施工合同的无效，也体现为违反相应的行政管理制度将承担行政责任。

3. 发包人选择承包人应当符合《招标投标法》等法律法规的规定

如果发包项目属于《招标投标法》所规定的依法必须招标的项目，则发包人应按照法律规定的招标程序组织招标，以确定中标人。同时，根据《招标投标法实施条例》第八十二条规定"依法必须进行招标的项目的招标投标活动违反招标投标法和本条例的规定，对中标结果造成实质性影响，且不能采取补救措施予以纠正的，招标、投标、中标无效，应当依法重新招标或者评标。"因此，对于依法必须进行招标的项目，招标人必须通过招标方式进行发包，否则将导致合同无效的法律后果。

4. 建设工程合同的履行受到行政规范的约束

鉴于建设工程项目涉及土地使用权、城乡规划、公共安全等方面的法律规定，施工合同签订前，应当严格按照项目立项法规《中华人民共和国城乡规划法》《中华人民共和国土地管理法》等法律法规，完成建设项目的立项、用地规划、工程规划等行政审批或许可工作，项目开工建设前，还应当取得施工许可证。因工程建设的质量关系到社会公共安全，因此，建设工程合同在履行中必须严格遵守《建设工程质量管理条例》国家级行业质量规范和标准，施工工程中还应当接受工程质量监管部门的质量监督和管理。如工程质量不合格，该工程无法进行使用和竣工验收备案。除此之外，安全监管也是建设工程施工合同履行中行政监管的重点内容，发包人、承包人在项目建设中应当遵守《中华人民共和国安全生产法》《建设工程安全生产管理条例》等法律法规的规定，采取有力措施，避免安全事故的发生，如发承包双方未尽到规定的安全生产责任，将会受到行政处罚。造成严重后果的，相关责任人还可能承担刑事责任。

5. 建设工程施工合同的履行具有长期性及复杂性

建设工程施工合同的标的物与一般工业产品相比，通常结构复杂、体积大、建筑材料类型多、工作量大，建设工程合同的履行体现出较为明显的长期性及复杂性。在建设工程施工合同履行中，市场价格的浮动、法律政策的变化、不可抗力、政府行为等因素均对合同履行产生影响，进而对工期、造价等施工合同重要因素产生重大影响。建设工程施工合同的当事人虽然只有发包人和承包人两方，但在实际履行过程中涉及的关联主体却较多，需考虑与其他相关合同如设计合同、供货合同、分包合同等的配合和协调。

6.3.2　施工合同示范文本的组成

《建设工程施工合同（示范文本）》（GF—2013—0201）（以下简称《示范文本》）。由合同协议书、通用合同条款和专用合同条款三部分组成。

1. 合同协议书

《示范文本》合同协议书共计 13 条，主要包括：工程概况、合同工期、质量标准、签约合同价和合同价格形式、项目经理、合同文件构成、承诺以及合同生效条件等重要内容，集中约定了合同当事人基本的合同权利义务。

2. 通用合同条款

通用合同条款是合同当事人根据《中华人民共和国建筑法》《中华人民共和国合同法》等法律法规的规定，就工程建设的实施及相关事项，对合同当事人的权利义务做出的原则性约定。

通用合同条款共计 20 条，具体条款分别为：一般约定、发包人、承包人、监理人、工程质量、安全文明施工与环境保护、工期和进度、材料与设备、试验与检验、变更、价格调整、合同价格、计量与支付、验收和工程试车、竣工结算、缺陷责任与保修、违约、不可抗力、保险、索赔和争议解决。前述条款安排既考虑了现行法律法规对工程建设的有关要求，也考虑了建设工程施工管理的特殊需要。

3. 专用合同条款

专用合同条款是对通用合同条款原则性约定的细化、完善、补充、修改或另行约定的条款。合同当事人可以根据不同建设工程的特点及具体情况，通过双方的谈判、协商对相应的专用合同条款进行修改补充。在使用专用合同条款时，应注意以下事项：

（1）专用合同条款的编号应与相应的通用合同条款的编号一致。

（2）合同当事人可以通过对专用合同条款的修改，满足具体建设工程的特殊要求，避免直接修改通用合同条款。

（3）在专用合同条款中有横道线的地方，合同当事人可针对相应的通用合同条款进行细化、完善、补充、修改或另行约定；如无细化、完善、补充、修改或另行约定，则填写"无"或划"/"。

6.3.3　施工合同文件的组成及优先解释顺序

1. 组成内容

《示范文本》规定了施工合同文件的组成和解释顺序，组成建设工程施工合同的文件包括：

（1）合同协议书。

（2）中标通知书（如果有）。

（3）投标函及其附录（如果有）。

（4）专用合同条款及其附件。

（5）通用合同条款。

（6）技术标准和要求。

（7）图纸。

（8）已标价工程量清单或预算书。

（9）其他合同文件。

双方有关工程的洽商、变更等书面协议或文件视为本合同的组成部分。

2. 优先解释顺序

施工合同文件之间应能互相解释、互相说明。当合同文件中出现含糊不清或不一致时，上述提到的各文件序号就是合同的优先解释顺序。由于履行合同时双方达成一致的洽商、变更等书面协议发生时间在后，且经过当事人签署，因此作为协议书的组成部分，排序放在第一位。如果双方不同意这种次序安排，可以在专用条款内约定本合同的文件组成和解释次序。

6.3.4　施工合同管理设计的有关各方

1. 合同当事人

合同当事人是指发包人和（或）承包人。

发包人是指与承包人签订合同协议书的当事人及取得该当事人资格的合法继承人。承包人是指与发包人签订合同协议书的，具有相应工程施工承包资质的当事人及取得该当事人资格的合法继承人。

2. 监理人

监理人是指在专用合同条款中指明的，受发包人委托按照法律、规定进行工程监督管理的法人或其他组织。

3. 设计人

设计人是指在专用合同条款中指明的，受发包人委托负责工程设计并具备相应工程设计资质的法人或其他组织。

4. 分包人

分包人是指按照法律规定和合同约定，分包部分工程或工作，并与承包人签订分包合同的具有相应资质的法人。

6.4　最高投标限价

6.4.1　最高投标限价的基本规定

1. 最高投标限价的概念

最高投标限价，又称招标控制价，是招标人根据国家或省级、行业建设主管部门颁发的有关计价依据和办法，依据报订的招标文件和招标工程量清单，结合工程具体情况发布的对投标人的投标报价进行控制的最高价格。

最高投标限价和标底是两个不同的概念。标底是招标人的预期价格，最高投标限价是招标人可接受的上限价格。招标人不得以投标报价超过标底的上下浮动范围作为否决投标的条件，但是投标人报价超过最高投标限价时将被否决。标底需要保密，最高投标限价则需要在发布招标文件时公布。

2. 最高投标限价的作用

最高投标限价的编制可有效控制投资，防止通过围标、串标方式恶性哄抬报价，给招标人带来投资失控的风险。最高投标限价或其计算方法需要在招标文件中明确，因此最高投标限价的编制提高了透明度，避免了暗箱操作等违法活动的产生。在最高投标限价的约束下，各投标人自主报价、公开公平竞争，有利于引导投标人进行理性竞争，符合市场规律。

6.4.2　最高投标限价（招标控制价）的编制要求及依据

1. 最高投标限价的编制要求

（1）国有资金投资的建筑工程招标的，应当设有最高投标限价；非国有资金投资的建筑工程招标的，可以设有最高投标限价或者招标标底。《建设工程工程量清单计价规范》规定，国有资金投资的工程建设项目应实行工程量清单招标，招标人应编制最高投标限价，并应当拒绝高于最高投标限价的投标报价。

（2）最高投标限价应当依据工程量清单、工程计价有关规定和市场价格信息等编制。

（3）最高投标限价应由具有编制能力的招标人或受其委托，具有相应资质的工程造价咨询人编制。接受委托编制标底的中介机构不得参加受托编制标底项目的投标，也不得为该项目的投标人编制投标文件或者提供咨询。

（4）为防止招标人有意压低投标人的报价，最高投标限价应在招标文件中公布，对所编制的最高投标限价不得按照招标人的主观意志人为地进行上浮或下调。

（5）招标人应将最高投标限价及有关资料报送工程所在地工程造价管理机构备查。最高投标限价超过批准的概算时，招标人应将其报原概算审批部门审核。

（6）投标人经复核认为招标人公布的最高投标限价未按照《建设工程工程量清单计价规范》的规定进行编制的，应在最高投标限价公布后5天内向招标投标监督机构和工程造价管理机构投诉。工程造价管理机构受理投诉后，当最高投标限价复查结论与原公布的最高投标限价误差大于±3%时，应责成招标人进行改正并重新公布最高投标限价。当重新公布最高投标限价时，若从重新公布之日起至原投标截止时间不足15天的，应延长投标截止期。

2. 最高投标限价的编制依据

最高投标限价的编制依据是指在编制最高投标限价时需要进行工程量计量、价格确认、工程计价的有关参数、费率值的确定工作时所需的基础性资料，主要有：

（1）国家标准或者规范，如《建设工程工程量清单计价规范》等。

（2）国家或省级、行业建设主管部门颁发的计价定额和计价办法。

（3）建设工程设计文件及相关资料。

（4）拟定的招标文件及招标工程量清单。

（5）与建设项目相关的标准、规范、技术资料。

（6）施工现场情况、工程特点及常规施工方案。

（7）工程造价管理机构发布的工程造价信息；工程造价信息没有发布的，参照市场价。

（8）其他的相关资料。

6.4.3　最高投标限价（招标控制价）的编制内容及程序

1. 最高投标限价的编制内容

（1）综合单价中应包括招标文件中划分的应由投标人承担的风险范围及其费用。招标文件中没有明确的，如由工程造价咨询人编制，应提请招标人明确；如由招标人编制，应予明确。

（2）分部分项工程和措施项目中的单价项目，应根据拟定的招标文件和招标工程量清单项目中的特征描述及有关要求确定综合单价计算。招标文件中提供了暂估单价的材料，按暂估的单价计入综合单价。

（3）措施项目中的总价项目应根据拟定的招标文件和常规施工方案采用综合单价计价。措施项目中的安全文明施工费必须按国家或省级、行业建设主管部门的规定计算，不得作为竞争性费用。

（4）其他项目费应按下列规定计价。

1）暂列金额。暂列金额应按招标工程量清单中列出的金额填写。

2）暂估价。暂估价包括材料暂估单价、工程设备暂估单价和专业工程暂估价。暂估价中的材料、工程设备单价应根据招标工程量清单列出的单价计入综合单价。

3）计日工。计日工包括人工、材料和施工机械。

4）总承包服务费。招标人编制招标控制价时，总承包服务费应根据招标文件中列出的内容和向总承包人提出的要求，按照省级或行业建设主管部门的规定或参照下列标准计算：

①招标人仅要求对分包的专业工程进行总承包管理和协调时，按分包的专业工程估算造价的1.5%计算。

②招标人要求对分包的专业工程进行总承包管理和协调，并同时要求提供配合服务时，根据招标文件中列出的配合服务内容和提出的要求，按分包的专业工程估算造价的3% ~ 5%计算。

③招标人自行供应材料的，按招标人供应材料价值的1%计算。

（5）招标控制价的规费和税金必须按国家或省级、行业建设主管部门的规定计算。

2. 最高投标限价的编制程序

最高投标限价的编制必须遵循一定的程序才能保证招标控制价的正确性和科学性，其编制程序是：

（1）招标控制价编制前的准备工作。它包括熟悉施工图及说明，如发现图中有问题或不明确之处，可要求设计单位进行交底、补充；要进行现场踏勘，实地了解施工现场情况及周围环境；要了解工程的工期要求；要进行市场调查，掌握材料、设备的市场价格。

（2）确定计价方法。判断招标控制价是按传统的定额计价法编制，还是按工程量清单计价法编制。

（3）计算招标控制价格。

（4）审核招标控制价格，定稿。

6.5 投标报价的编制

6.5.1 投标报价的前期准备工作

1. 搜集熟悉资料

进行投标报价前，要搜集并熟悉下列基础资料：

（1）招标单位提供的招标文件、工程设计图、有关技术说明书。

（2）国家及地区建设行政主管部门颁布的工程预算定额、单位估价表及与之配套的费用定额、工程量清单计价规范。

（3）当时当地的市场人工、材料、机械价格信息。

（4）业主情况：包括业主的资信情况、履约态度、支付能力，在其他项目上有无拖欠工程款的情况，对该工程需求的迫切程度等信息。

（5）企业内部的资源消耗量标准。

（6）竞争对手的资料：掌握竞争对手的情况是投标策略中的一个重要环节，也是投标人参加投标能否获胜的重要因素。投标人在制订投标策略时必须考虑竞争对手的情况。

2. 调查投标环境

所谓投标环境，包括自然环境和经济环境两个方面。

自然环境是指施工现场的水文、地质等自然条件，所有对工程施工带来影响的自然条件都要在投标报价中予以考虑。

经济环境是指投标单位在众多投标竞争者中所处的位置。

3. 制订合理的施工方案

施工方案在制订时，主要考虑施工方法、施工机具的配置、各工种的安排、现场施工人员的平衡、施工进度安排、施工现场的安全措施等。一个好的施工方案，可以大大降低投标报价，使报价的竞标力增强，而且它也是招标单位考虑投标方是否中标的一个重要因素。

6.5.2　投标报价的编制原则及依据

1. 投标报价的编制原则

投标报价的编制主要是投标单位对拟承建招标工程所要发生的各种费用的计算。在进行投标计算时，首先必须根据招标文件进一步复核工程量。作为投标计算的必要条件，应预先确定施工方案和施工进度。此外，投标计算还必须与采用的合同形式相协调。报价是投标的关键性工作，报价是否合理直接关系到投标的成败。

（1）以招标文件中设定的发承包双方责任划分，作为考虑投标报价费用项目和费用计算的基础；根据工程发承包模式考虑投标报价的费用内容和计算深度。

（2）以施工方案、技术措施等作为投标报价计算的基本条件。

（3）以反映企业技术和管理水平的企业定额作为计算人工、材料和机械台班消耗量的基本依据。

（4）充分利用现场考察、调研成果、市场价格信息和行情资料，编制基价，确定调价方法。

（5）报价计算方法要科学严谨、简明适用。

2. 投标报价的编制依据

（1）招标单位提供的招标文件。

（2）招标单位提供的设计图、工程量清单及有关的技术说明书等。

（3）国家及地区颁发的现行建筑安装工程预算定额及与之相配套执行的各种费用定额规定等。

（4）地方现行材料预算价格、采购地点及供应方式等。

（5）因招标文件及设计图等不明确而经咨询后由招标单位书面答复的资料。

（6）企业内部制订的有关取费，价格等的规定、标准。

（7）其他与报价计算有关的各项政策、规定及调整系数等。

在投标报价的计算过程中，对于不可预见费用的计算必须慎重考虑，不要遗漏。

6.5.3　投标报价的编制内容

根据《建设工程工程量清单计价规范》的相关规定，投标报价宜采用统一的格式。各省、自治区、直辖市建设行政主管部门和行业建设主管部门可根据本地区、本行业的实际情况，在《建设工程工程量清单计价规范》附录 B 至附录 L 的基础上补充完善。

投标报价编制内容通常如下：

（1）投标报价使用的表格包括：投标总价封面，投标总价扉页，工程计价总说明，建设项目投标报价汇总表，单项工程投标报价汇总表，单位工程投标报价汇总表，分部分项工程和单价措施项目清单与计价表，综合单价分析表，总价措施项目清单与计价表，其他项目清单与计价汇总表，暂列金额明细表，材料（工程设备）暂估单价及调整表，专业工程暂估价及结算价表，计日工表，总承包服务费计价表，规费、税金项目计价表，总价项目进度款支付分解表及招标文件提供的发包人提供材料和工程设备一览表，承包人提供主要材料和工程设备一览表，具体格式参见《建设工程工程量清单计价规范》附录 B 至附录 L。

（2）扉页应按规定的内容填写，签字、盖章，除承包人自行编制的投标报价外，受委托编制的投标报价，由造价员编制的应由负责审核的造价工程师签字、盖章以及工程造价咨询人盖章。

（3）总说明应按下列内容填写：

1）工程概况：建设规模、工程特征、计划工期、合同工期、实际工期、施工现场及变化情况施工组织设计的特点、自然地理条件、环境保护要求等。

2）编制依据等。

6.5.4　投标报价的编制方法

（1）综合单价中应考虑招标文件中要求投标人承担的风险内容及其范围（幅度）产生的风险费用，招标文件中没有明确的，应提请招标人明确。在施工过程中，当出现的风险内容及其范围（幅度）在合同约定的范围内时，合同价款不作调整。

（2）分部分项工程和措施项目中的单价项目，应根据招标文件和招标工程量清单项目中的特征描述确定综合单价。招标工程量清单的项目特征描述是确定分部分项工程和措施项目中的单价的重要依据之一。投标人投标报价时，应依据招标工程量清单项目的特征描述确定清单项目的综合单价。招标投标过程中，当出现招标工程量清单项目特征描述与设计图纸不符时，投标人应以招标工程量清单的项目特征描述为准，确定投标报价的综合单价。当施工中施工图纸或设计变更与招标工程量清单的项目特征描述不一致时，发、承包双方应按实际施工的项目特征，依据合同约定重新确定综合单价。

招标文件中提供了暂估单价的材料，应按暂估的单价计入综合单价；综合单价中应考虑招标文件中要求投标人承担的风险内容及其范围（幅度）产生的风险费用。在施工过程中，当出现的风险内容及其范围（幅度）在合同约定的范围内时，工程价款不做调整。

（3）投标人可根据工程实际情况并结合施工组织设计，对招标人所列的措施项目进行增补。由于各投标人拥有的施工装备、技术水平和采用的施工方法有所差异，招标人提出的措施项目清单是根据一般情况确定的，投标人投标时，应根据自身编制的投标施工组织设计或施工方案确定措施项目，对招标人提供的措施项目进行调整。投标人根据投标施工组织设计或施工方案调整和确定的措施项目应通过评标委员会的评审。

措施项目中的总价项目应采用综合单价计价。其中，安全文明施工费应按国家或省级、行业建设主管部门的规定确定，且不得作为竞争性费用。

（4）其他项目应按下列规定报价：

①暂列金额应按招标工程量清单中列出的金额填写，不得变动。

②材料、工程设备暂估价应按招标工程量清单中列出的单价计入综合单价，不得变动和更改。

③专业工程暂估价应按招标工程量清单中列出的金额填写，不得变动和更改。

④计日工应按招标工程量清单中列出的项目和数量，自主确定综合单价并计算计日工金额。

⑤总承包服务费应依据招标工程量清单中列出的专业工程暂估价内容和供应材料、设备情况，按照招标人提出协调、配合与服务要求和施工现场管理需要自主确定。

（5）规费和税金应按国家或省级、行业建设主管部门的规定计算，不得作为竞争性费用。规费和税金的计取标准是依据有关法律法规和政策规定制定的，具有强制性。投标人是法律法规和政策的执行者，不能改变，更不能制定，面必须按照法律法规和政策的有关规定执行。

（6）招标工程量清单与计价表中列明的所有需要填写单价和合价的项目，投标人均应填写且只允许有一个报价。未填写单价和合价的项目，可视为此项费用已包含在已标价工程量清单中其他项目的单价和合价之中。当竣工结算时，此项目不得重新组价予以调整。

（7）实行工程量清单招标，投标人的投标总价应当与组成已标价工程量清单的分部分项工程费、措施项目费、其他项目费和规费、税金的合计金额相一致，即投标人在投标报价时，不能进行投标总价优惠（或降价、让利），投标人对招标人的任何优惠（或降价、让利）均应反映在相应清单项目的综合单价中。

第7章 工程施工和竣工阶段造价管理

7.1 工程施工成本管理

7.1.1 工程施工成本预测

工程施工成本预测是根据成本信息和施工项目的具体情况，运用一定的专门方法，对未来的成本水平及其可能发展趋势做出科学的估计，其是在工程施工以前对成本进行的估算。通过成本预测，在满足业主和本企业要求的前提下，选择成本低、效益好的最佳方案，加强成本控制，克服盲目性，提高预见性。

1. 施工项目成本预测的作用

（1）施工项目成本预测是投标决策的依据。

（2）施工项目成本预测是编制成本计划的基础。

（3）施工项目成本预测是成本管理的重要环节。

2. 成本预测的过程

科学、准确的预测必须遵循合理的预测程序：

（1）制订预测计划。

（2）收集和整理预测资料。

（3）选择预测方法。

（4）成本初步预测。

（5）影响成本水平的因素预测。

（6）成本预测。

（7）分析预测误差。

3. 成本预测的方法

（1）定性预测法。定性预测法主要包括专家会议法、专家调查法（德尔菲法）等。

定性预测是根据已掌握的信息资料和直观材料，依靠具有丰富经验和分析能力的内行和专家，运用主观经验，对施工项目的材料消耗、市场行情及成本等，做出性质上和程度上的推断和估计，然后把各方面的意见进行综合，作为预测成本变化的主要依据。

定性预测偏重于对市场行情的发展方向和施工中各种影响施工项目成本因素的分析，能发挥专家经验和主观能动性，比较灵活，而且简便易行，可以较快地提出预测结果。定性预测在工程实践中被广泛使用，特别适合于对预测对象的数据资料（包括历史的和现实的）掌握不充分，或影响因素复杂：难以用数字描述，或对主要影响因素难以进行数量分析等情况。

1）专家会议法。专家会议法又称之为集合意见法，是将有关人员集中起来，针对预测的对象，交换意见预测工程成本。参加会议的人员，一般选择具有丰富经验，对经营和管理熟悉，并有一定专长的各方面专家。这个方法可以避免依靠个人的经验进行预测而产生的片面性。例如：对材料价格市场行情预测，可请材料设备采购人员、计划人员、经营人员等；对工料消耗分析，可请技术人员、施工管理人员、材料管理人员、劳资人员等；估计工程成本，可请预算人员、经营人员、施工管理人员等。使用该方法，预测值经常出现较大的差异，在这种情况下，一般可采用预测值的平均值或加权平均值作为预测结果。

2）专家调查法（特尔菲法）。这是根据有专业知识的人的直接经验，采用系统的程序、互不见面和反复进行的方式，对某一未来问题进行判断的一种方法。首先，草拟调查提纲，提供背景资料，轮番征询不同专家的预测意见，最后再汇总调查结果。对于调查结果，要整理出书面意见和报表。这种方法，具有匿名性、费用不高、节省时间的特点。采用特尔菲法要比一个专家的判断预测或一组专家开会讨论得出的预测方案准确一些，一般用于较长期的预测。

（2）定量预测法。定量预测法也称"统计预测"，是根据已掌握的比较完备的历史数据，运用一定的科学方法进行科学的加工整理，借以提示有关变量之间的规律联系，用于预测和推算未来发展变化情况的一类预测方法，可分为：时间序列预测法、回归预测法。

1）时间序列预测法。从时间序列的第一项数值开始，按一定项数求序时平均数，逐项移动，边移动边平均。这样，就可以得出一个由移动平均数构成的新的时间序列。它把原有历史统计数据中的随机因素加以过滤，消除数据中的起伏波动情况，使不规则的线型大致上规则化，以显示出预测对象的发展方向和趋势。

移动平均法又可分为：简单移动平均法、加权移动平均法、趋势修正移动平均法和二次移动平均法，这里主要介绍简单移动平均法、加权移动平均法和指数平滑法。

①简单移动平均法。简单移动平均法，又称一次移动平均法，是在算术平均数的基础上，通过逐项分段移动，求得下一期的预测值。简单移动平均法会出现滞后偏差。如果近期内情况发展变化较快，利用移动平均法预测要通过较长时间才能反映出来，存在着滞后偏差；一次移动平均法对分段内部的各数据同等对待，没有考虑时间先后对预测值的影响。实际上各个不同时间期的数据对预测值的影响是不一样的。越是接近预测期的数值，对预测值的影响就越大。为了弥补这两个缺点，可以利用加权移动平均法、趋势修正移动平均法和二次移动平均法。

②加权移动平均法。加权移动平均法就是在计算移动平均数时，并不同等对待各时间序列的数据，而是给近期的数据以较大的比重，使其对移动平均数有较大的影响，从而使预测值更接近于实际。这种方法就是对每个时间序列的数据插上一个加权系数。采用加权移动平均法进行预测的结果比一次移动平均法更能接近实际。越接近预测期的权数越大，对预测值的影响也越大。

③指数平滑法。指数平滑法，也叫指数修正法，是一种简便易行的时间序列预测方法。它是在移动平均法基础上发展起来的一种预测方法，是移动平均法的改进形式。使用移动平均法有两个明显的缺点：一是需要有大量的历史观察值的储备；二是要用时间序列中近期观察值的加权方法来解决，因为最近的观察中包含着最多的未来情况的信息，所以必须相对地比前期观察值赋予更大的权数。即对最近期的观察值应给予最大的权数，"而对较远的观察值就给予递减的权数。指数平滑法就是既可以满足这样一种加权法，又不需要大量历史观察

值的一种新的移动平均预测法。指数平滑法又分为：一次指数平滑法、二次指数平滑法和三次指数平滑法。

2）回归预测法。前面的预测方法仅限于一个变量，或一种经济现象，而通常所遇到的实际问题，则是涉及到几个变量或几种经济现象，并且要探索它们之间的相互关系。例如成本、价格及劳动生产率等都存在着数量上的一定相互关系。对客观存在的现象之间相互依存关系进行分析研究，测定两个或两个以上变量之间的关系，寻求其发展变化的规律性，从而进行推算和预测，称为回归分析。在进行回归分析时，不论变量的个数多少，必须选择其中的一个变量作为因变量，而把其他变量作为自变量，然后根据已知的历史统计数据资料，研究测定因变量和自变量之间的关系。

回归分析是为了测定客观现象的因变量与自变量之间的一般关系所使用的一种数学方法。它根据现象之间相关关系的形式，拟合一定的直线或曲线，用这条直线或曲线代表现象间的一般数量变化关系。这条直线或曲线在数学上称为回归直线或曲线，表现这条直线或曲线的数学公式称为回归方程。利用回归分析法进行预测，称之为回归预测。在回归预测中，所选定的因变量是指需要求得预测值的那个变量，即预测对象。自变量则是影响预测对象变化的，与因变量有密切关系的那个或那些变量。在预测中常用的回归预测法有一元回归预测和多元回归预测。下面仅介绍一元线性回归预测方法。

一元线性回归预测法是根据历史数据在直角坐标系上描绘出相应点，再在各点间作一直线，使直线到各点的距离最小，即偏差平方和为最小，因而，这条直线就最能代表实际数据变化的趋势（或称倾向线），用这条直线适当延长来进行预测是合适的。

7.1.2　工程施工成本控制与作用

施工项目的成本控制，通常是指在项目成本的形成过程中，对生产经营所消耗的人力资源、物质资源和费用开支，进行指导、监督、调节和限制，及时纠正将要发生和已经发生的偏差，把各项生产费用，控制在计划成本的范围之内，以保证成本目标的实现。

施工项目的成本目标有企业下达或内部承包合同规定的，也有项目自行制定的。但这些成本目标，一般只有一个成本降低率或降低额，即使加以分解，也不过是相对明细的“降本指标”而已，难以具体落实，以致目标管理往往流于形式，无法发挥控制成本的作用。因此，项目经理部必须以成本目标为依据，联系施工项目的具体情况，制订明细而又具体的成本计划，使之成为“看得见、摸得着、能操作”的实施性文件。

由于项目管理是一次性行为，它的管理对象只有一个工程项目，且将随着项目建设的完成而结束其历史使命。在施工期间，项目成本能否降低，有无经济效益，得失在此一举，有很大的风险性。因此为了确保项目成本必盈不亏，成本控制不仅必要，而且必须做好。

从上述观点来看，施工项目成本控制的目的，在于降低项目成本，提高经济效益。然而项目成本的降低，除了控制成本支出以外，还必须增加工程预算收入。因为，只有在增加收入的同时节约支出，才能提高施工项目成本的降低水平。

7.1.3　工程施工成本计划

1. 施工成本计划的类型

施工成本计划是施工项目成本控制的一个重要环节，是实现降低施工成本任务的指导性文件。成本计划的编制是一个不断深化的过程，按其作用可分为三类。

（1）竞争性成本计划：即工程项目投标及签订合同阶段的估算成本计划。企业投标报价的最低限额。

（2）指导性成本计划：即选派项目经理阶段的预算成本计划，是项目经理的责任成本目标。以合同标书为依据，按照企业的预算定额标准制定的设计预算成本计划。

（3）实施性成本计划：即项目施工准备阶段的施工预算成本计划，以项目实施方案为依据，以落实项目经理责任目标为出发点，采用企业的施工定额，通过施工预算的编制而形成的实施性施工成本计划。

2. 施工成本计划的编制方法

施工成本计划的编制以成本预测为基础，关键是确定目标成本。总成本目标确定之后，还需把目标成本层层分解。施工成本计划的编制方式有：

（1）按施工成本组成编制施工成本计划的方法。

施工成本包括：人工费、材料费、施工机械使用费、企业管理费等。

（2）按项目组成编制施工成本计划的方法。

首先要把项目总施工成本分解到单项工程和单位工程中，再进一步分解为分部工程和分项工程。

在编制成本支出计划时，要在项目总的方面考虑总的预备费，也要在主要的分项工程中安排适当的不可预见费。

（3）按工程进度编制施工成本计划的方法。

1）通常可利用控制项目进度的网络图进一步扩充而得。通常如果项目分解程度对时间控制合适的话，则对施工成本支出计划可能分解过细。

2）表示方法有两种：一种是在时标网络图上按月编制的成本计划，另一种是利用时间-成本曲线（S形曲线表示）。

3）每一条S形曲线都对应某一特定的工程进度计划。S形曲线（成本-计划值曲线）必然包络在由全部工作都按最早开始时间开始和全部工作都按最迟必须开始时间开始的曲线所组成的"香蕉图"内。

4）一般而言，所有工作都按最迟开始时间开始，对节约资金贷款利息是有利的，但同时，也降低了项目按期竣工的保证率。

7.1.4　工程施工成本控制

成本控制是指在工程项目实施过程中，对影响工程项目成本的各项要素，即施工生产所耗费的人力、物力和各项费用开支，采取一定措施进行监督、调节和控制，及时预防、发现和纠正偏差，保证工程项目成本目标的实现。成本控制是工程项目成本管理的核心内容，也是工程项目成本管理中不确定因素最多、最复杂、最基础的管理内容。

（1）成本控制的内容和过程。施工成本控制包括计划预控、过程控制和纠偏控制三个重要环节。

1）计划预控。计划预控是指运用计划管理的手段事先做好各项施工活动的成本安排，使工程项目预期成本目标的实现建立在有充分技术和管理措施保障的基础上，为工程项目的技术与资源的合理配置和消耗控制提供依据。控制的重点是优化工程项目实施方案、合理配置资源和控制生产要素的采购价格。

2）过程控制。过程控制是指控制实际成本的发生，包括实际采购费用发生过程的控制、劳动力和生产资料使用过程的消耗控制、质量成本及管理费用的支出控制。施工承包单位应充分发挥工程项目成本责任体系的约束和激励机制，提高施工过程的成本控制能力。

3）纠偏控制。纠偏控制是指在工程项目实施过程中，对各项成本进行动态跟踪核算，发现实际成本与目标成本产生偏差时，分析原因，采取有效措施予以纠偏。

（2）成本控制的方法。

1）成本分析表法。成本分析表法是指利用各种表格进行成本分析和控制的方法。应用成本分析表法可以清晰地进行成本比较研究。常见的成本分析表有月成本分析表、成本日报或周报表、月成本计算及最终预测报告表。

2）工期—成本同步分析法。成本控制与进度控制之间有着必然的同步关系。因为成本是伴随着工程进展而发生的。如果成本与进度不对应，说明工程项目进展中出现虚盈或虚亏的不正常现象。

施工成本的实际开支与计划不相符，往往是由两个因素引起的：一是在某道工序上的成本开支超出计划；二是某道工序的施工进度与计划不符。因此，要想找出成本变化的真正原因，实施良好有效的成本控制措施，必须与进度计划的适时更新相结合。

3）净值分析法。净值分析法是对工程项目成本、进度进行综合控制的一种分析方法。通过比较已完工程预算成本与已完工程实际成本之间的差值，可以分析由于实际价格的变化而引起的累计成本偏差；通过比较已完工程预算成本（BCWP）与拟完工程预算成本之间的差值，可以分析由于进度偏差而引起的累计成本偏差。并通过计算后续未完工程的计划成本余额，预测其尚需的成本数额，从而为后续工程施工的成本、进度控制及寻求降低成本挖潜途径指明方向。

4）价值工程方法。价值工程方法是对工程项目进行事前成本控制的重要方法，在工程项目设计阶段，研究工程设计的技术合理性，探索有无改进的可能性，在提高功能的条件下，降低成本。在工程项目施工阶段，也可以通过价值工程活动，进行施工方案的技术经济分析，确定最佳施工方案，降低施工成本。

7.1.5 工程施工成本核算

施工成本核算是按照规定的成本开支范围、对施工实际发生费用所做的总计；是对核算对象计算施工的总成本和单位成本。成本核算是对成本计划是否得到实现的检验，它对成本控制、成本分析和成本考核、降低成本、提高效益有重要的积极意义。

1. 项目施工成本核算的对象

施工成本核算的对象是指在计算工程成本中，确定、归集和分配产生费用的具体对象，即产生费用承担的客体。成本计算对象的确定，是设立工程成本明细分类账户、归集和分配产生费用以及正确计算工程成本的前提。

单位工程是合同签约、编制工程预算和工程成本计划、结算工程价款的计算单位。按照分批（订单）法原则，施工成本一般应以每一独立编制施工图预算的单位工程作为成本核算对象，但也可以按照承包工程的规模、工期、结构类型、施工组织和施工现场等情况，综合成本管理要求，灵活划分成本核算对象。一般而言，划分成本核算对象有以下几种：

（1）一个单位工程由几个施工单位共同施工时，各施工单位都以同一单位工程为成本核算对象，各自核算自行完成的部分。

（2）规模大、工期长的单位工程，可以将工程划分为若干部位，以分部工程作为成本核算对象。

（3）同一建设项目，又由同一施工单位施工，并在同一施工地点，属同一结构类型，开、竣工时间相近的若干单位工程，可以合并作为一个成本核算对象。

（4）改建、扩建的零星工程，可以将开、竣工时间相近，属于同一建设项目的各个单位工程合并作为一个成本核算对象。

（5）土石方工程、桩基工程，可以根据实际情况和管理需要，以一个单项工程为成本核算对象，或将同一施工地点的若干个工程量较少的单项工程合并，作为一个成本核算对象。

2. 施工成本核算的内容

对建筑企业而言，企业间竞争将逐渐由产品质量竞争过渡到价格竞争。加强项目成本核算，减支增效，将成为大多数企业的长期经营战略。

项目部在承建工程并收到设计图后，一方面要进行现场"三通一平"（"七通一平"）等施工前期准备工作；另一方面，还要组织力量分头编制施工图预算、施工组织设计，降低成本计划和控制措施，最后将实际成本与预算成本、计划成本对比考核。

（1）工程开工后记录各分项工程中消耗的人工费、材料费、周转材料费、机具（械）台班数量及费用等，这是成本控制的基础工作。

（2）本期内工程完成状况的量度。已完工程的量度比较简单，困难的是跨期的分项工程，即已开始且尚未结束的分项工程。由于实际工程进度是作为成本花费所获得的已完产品，其量度的准确性直接关系到成本核算、成本分析和趋势预测的准确性。在实际成本核算时，对已开始但未完成的工作包，其已完成成本及已完成程度的客观估算比较困难，可以按照工作包中工序的完成进度计算。

（3）工程现场管理费及项目部管理费实际开支的汇总、核算和分摊。为了明确经济责任，分清成本费用的可控区域，正确合理地反映施工管理的经济效益，工地与项目部在管理费用上要分开核算。

（4）对各分项工程以及总工程的各个项目费用核算及盈亏核算，提出工程成本核算报表。在上述的各项费用中，许多费用开支是经过分摊进入各个分项工程成本或工程总成本的，如周转材料费、工地管理费和项目管理费等。

工地管理费按本工程各分项工程直接费总成本分摊进入各个分项工程，有时周转材料和设备费用也必须采用分摊的方法核算。由于它是平均计算的，所以不能完全反映实际情况。其核算和经济指标的选取受人为的影响较大，通常会影响成本核算的准确性和成本评价的公正性。所以，对能直接核算到分项工程的费用应尽量采取直接核算的办法，尽可能减少分摊费用及分摊范围。

3. 项目施工成本核算的方法

（1）会计核算。会计核算是以会计方法为主要手段，通过设置账户、复式记账、填制和审核凭证、登记账簿、成本计算、财产清查和编制会计报表等一系列有组织有系统的方法，来记录企业的一切生产经营活动，然后据以提出用货币来反映的有关综合性经济指标的一些数据。资产、负债、所有者权益、营业收入、成本、利润等会计六要素指标，主要通过会计来核算。会计记录应有连续性、系统性、综合性等特点，所以它是施工成本分析的重要依据。

（2）业务核算。业务核算是各业务部门根据业务工程工作的需要而建立的核算制度，它包括原始记录和计算登记记录。如单位工程及分部（分项）工程进度登记、质量登记、功效及定额计算登记、物质消耗定额记录、测试记录等。

业务核算的范围比会计、统计核算要广。会计和统计核算一般是对已经发生的经济活动进行核算，而业务核算，不但可以对已经发生的，还可以对尚未发生或正在发生的经济活动进行核算，看是否可以做，是否有经济效益。

（3）统计核算。统计核算是利用会计核算资料和业务核算资料，把企业生产经营活动客观现状的大量数据，按统计方法加以系统整理，标明其规律性。

统计核算的计量尺度比会计核算的计量尺度宽，可以用货币计算，也可以用实物或劳动量计算。统计通过全面调查和抽样调查等特有的方法，不仅能提供绝对数指标，还能提供相对数和平均数指标，可以计算当前的实际水平，确定变动速度，还可以预测发展的趋势。统计核算除了主要研究大量的经济现象外，也很重视个别先进事例与典型事例的研究。

施工成本核算通过会计核算、业务核算和统计核算的"三算"方法，获得成本的第一手资料，并将总成本和各个分成本进行实际值与计划目标值的相互对比，用以观察分析成本升降情况，同时作为考核的依据。

通过实际成本与预算成本的对比，考核施工成本的降低水平；通过实际成本与计划成本的对比，考核工程成本的管理水平。称之为"两对比与两考核"。

7.1.6 工程施工成本分析与考核

1. 项目施工成本分析

施工成本分析，就是根据统计核算、业务核算和会计核算提供的资料，对成本形成过程和影响成本升降的因素进行分析，以寻求进一步降低成本的途径，包括成本中的有利偏差的挖掘和不利偏差的纠正；另一方面通过成本分析，可以透过账簿、报表反映的成本现象看到成本的实质，从而增强成本的透明度和可控性，为加强成本控制、实现成本目标创造条件。

（1）施工成本分析的任务。

1）正确计算成本计划的执行结果，计算产生的差异。

2）找出产生差异的原因。

3）对成本计划的执行情况进行正确评价。

4）提出进一步降低成本的措施和方案。

（2）施工成本分析的内容。

1）按施工进展进行的成本分析，包括：分部（分项）工程分析、月（度）成本分析、年度成本分析、竣工成本分析。

2）按成本项目进行的成本分析，包括：人工费分析、材料费分析、机具使用分析、其他直接费分析、间接成本分析。

3）针对特定问题和与成本有关事项的分析，包括：施工索赔分析、成本盈亏异常分析、工期成本分析、资金成本分析、技术组织措施节约效果分析、其他有利因素和不利因素对成本影响的分析。

（3）成本分析的方法。

1）比较法。比较法又称为"指标对比分析法"，是通过技术经济指标的对比，检查目标的完成情况，分析产生差异的原因，进而挖掘内部潜力的方法。这种方法具有通俗易懂、简单易行、便于掌握的特点，因而得到广泛应用，但在应用时必须注意各项技术经济指标的可比性。比较法的应用形式有：①将实际指标与目标指标对比；②本期实际指标与上期实际指标对比；③与本行业平均水平、先进水平对比。

2）因素分析法。因素分析法又称为"连锁置换法"或"连环替代法"。可用这种方法分析各种因素对成本形成的影响程度。在进行分析时，首先要假定众多因素中的一个因素发生了变化，而其他因素不变，然后逐个替换，并分别比较其计算结果，以确定各个因素变化对成本的影响程度。

3）差额计算法。差额计算法是因素分析法的一种简化形式，是利用各个因素的目标值与实际值的差额计算对成本的影响程度。

4）比率法。比率法是用两个以上指标的比例进行分析的方法。常用的比率法有相关比率法、构成比率法和动态比率法三种。

2. 施工项目成本考核

施工项目成本考核是指在施工项目完成后，对施工项目成本形成中的各责任者，按施工项目成本目标责任制的有关规定，将成本的实际指标与计划、定额、预算进行对比和考核，评定施工项目成本计划的完成情况和各责任者的业绩，并以此给予相应的奖励和处罚。通过成本考核，做到有奖有惩，赏罚分明，才能有效地调动每一位员工在各自施工岗位上努力完成目标成本的积极性，为降低施工项目成本和增加企业的积累，做出自己的贡献。

施工成本考核是衡量成本降低的实际成果，也是对成本指标完成情况的总结和评价。成本考核制度包括考核的目的、时间、范围、对象、方式、依据、指标、组织领导、评价与奖惩原则等内容。

以施工成本降低额和施工成本降低率作为成本考核的主要指标，要加强组织管理层对项目管理部的指导，并充分依靠技术人员、管理人员和作业人员的经验和智慧，防止项目管理在企业内部异化为靠少数人承担风险的"以包代管"模式。成本考核也可分别考核组织管理层和项目经理部。

项目管理组织对项目经理部进行考核与奖惩时，既要防止"虚盈实亏"，也要避免实际成本归集差错等的影响，使施工成本考核真正做到公平、公正、公开，在此基础上兑现施工成本管理责任制的奖惩或激励措施。

施工成本管理的每一个环节都是相互联系和相互作用的。成本预测是成本决策的前提，成本计划是成本决策所确定目标的具体化。成本计划控制则是对成本计划的实施进行控制和监督，保证决策的成本目标的实现；而成本核算又是对成本计划是否实现的最后检验，它所提供的成本信息又为下一个施工项目成本预测和决策提供基础资料。成本考核是实现成本目标责任制的保证和实现决策目标的重要手段。

7.2　工程变更与索赔管理

7.2.1　工程变更管理

工程变更包括以下 5 个方面：

（1）取消合同中任何一项工作，但被取消的工作不能转由建设单位或其他单位实施。

（2）改变合同中任何一项工作的质量或其他特性。

（3）改变合同工程的基线、标高、位置或尺寸。

（4）改变合同中任何一项工作的施工时间或改变已批准的施工工艺或顺序。

（5）为完成工程需要追加的额外工作。

1.《建设工程施工合同（示范文本）》条件下的工程变更

（1）发包人对原设计进行变更。施工中发包人如果需要对原工程设计进行变更，应提前 14d 以书面形式向承包人发出变更通知。承包人对于发包人的变更通知没有拒绝的权利，这是合同赋予发包人的一项权利。因为发包人是工程的出资人、所有人和管理者，对将来工程的运行承担主要的责任，只有赋予发包人这样的权利才能减少更大的损失。但是，变更超过原设计标准或批准的建设规模时，发包人应报规划管理部门和其他有关部门重新审查批准，并由原设计单位提供变更的相应图纸和说明。承包人按照监理工程师发出的变更通知及有关要求变更。

（2）承包人对原设计进行变更。施工中承包人不得为了施工方便而要求对原工程设计进行变更，承包人应当严格按照图纸施工，不得随意变更设计。施工中承包人提出的合理化建议涉及对设计图或者施工组织设计的更改及对原材料、设备的更换，须经监理工程师同意。监理工程师同意变更后，也须经原规划管理部门和其他有关部门审查批准，并由原设计单位提供变更的相应图纸和说明。

未经监理工程师同意承包人擅自更改或换用，承包人应承担由此发生的费用，并赔偿发包人的有关损失，延误的工期不予顺延。监理工程师同意采用承包人的合理化建议，所发生费用和获得收益的分担或分享，由发包人和承包人另行约定。

（3）其他变更。从合同角度看，除设计变更外，其他能够导致合同内容变更的都属于其他变更。如双方对工程质量要求的变化（如：涉及强制性标准的变化）、双方对工期要求的变化、施工条件和环境的变化导致施工机械和材料的变化等。这些变更的程序，首先应当由一方提出，与对方协商一致后，方可进行变更。

2. 工程变更价款的确定方法

（1）已标价工程量清单项目或其工程数量发生变化的调整办法。《建设工程工程量清单计价规范》（GB 50500）规定，因工程变更引起已标价工程量清单项目或其工程数量发生变化，应按照下列规定调整：

1）已标价工程量清单中有适用于变更工程项目的，应采用该项目的单价；但当工程变更导致该清单项目的工程数量发生变化，且工程量偏差超过 15%。此时，调整的原则为：当工程量增加 15% 以上时，其增加部分的工程量的综合单价应予调低；当工程量减少 15%

以上时，减少后剩余部分的工程量的综合单价应予调高。

2）已标价工程量清单中没有适用但有类似于变更工程项目的，可在合理范围内参照类似项目的单价。

3）已标价工程量清单中没有适用也没有类似于变更工程项目的，应由承包人根据变更工程资料、计量规则和计价办法、工程造价管理机构发布的信息价格和承包人报价浮动率提出变更工程项目的单价，报发包人确认后调整。承包人报价浮动率可按下列公式计算：

招标工程

$$承包人报价浮动率 L = （1 - 中标价/招标控制价）×100\% \qquad (7\text{-}1)$$

非招标工程

$$承包人报价浮动率 L = （1 - 报价值/施工图预算）×100\% \qquad (7\text{-}2)$$

4）已标价工程量清单中没有适用也没有类似于变更工程项目，且工程造价管理机构发布的信息价格缺价的，应由承包人根据变更工程资料、计量规则、计价办法和通过市场调查等取得有合法依据的市场价格提出变更工程项目的单价，并应报发包人确认后调整。

（2）措施项目费的调整。工程变更引起施工方案改变并使措施项目发生变化时，承包人提出调整措施项目费的，应事先将拟实施的方案提交发包人确认，并应详细说明与原方案措施项目相比的变化情况。拟实施的方案经发承包双方确认后执行，并应按照下列规定调整措施项目费：

1）安全文明施工费应按照实际发生变化的措施项目调整，不得浮动。

2）采用单价计算的措施项目费，应按照实际发生变化的措施项目按照前述已标价工程量清单项目的规定确定单价。

3）按总价（或系数）计算的措施项目费，按照实际发生变化的措施项目调整，但应考虑承包人报价浮动因素，即调整金额按照实际调整金额乘以式（7-1）或式（7-2）得出的承包人报价浮动率计算。

如果承包人未事先将拟实施的方案提交给发包人确认，则视为工程变更不引起措施项目费的调整或承包人放弃调整措施项目费的权利。

（3）工程变更价款调整方法的应用。

1）直接采用适用的项目单价的前提是其采用的材料、施工工艺和方法相同，也不因此增加关键线路上工程的施工时间。

例如：在某工程施工过程中，由于设计变更，新增加轻质材料隔墙1200m²，已标价工程量清单中有此轻质材料隔墙项目综合单价，且新增部分工程量在15%以内，就应直接采用该项目综合单价。

2）采用适用的项目单价的前提是其采用的材料、施工工艺和方法基本类似，不增加关键线路上工程的施工时间，可仅就其变更后的差异部分，参考类似的项目单价由发承包双方协商新的项目单价。

例如：某工程现浇混凝土梁为C25，施工过程中设计调整为C30，此时，可仅将C30混凝土价格替换C25混凝土价格，其余不变，组成新的综合单价。

3）无法找到适用和类似的项目单价时，应采用招标投标时的基础资料和工程造价管理机构发布的信息价格，按成本加利润的原则由发承包双方协商新的综合单价。

7.2.2 工程索赔管理

索赔是指在合同履行过程中，对于非己方的过错而应由对方承担责任的情况造成的损失，向对方提出补偿的要求。建设工程施工中的索赔是发承包双方行使正当权利的行为，承包人可向发包人索赔，发包人也可向承包人索赔。

1. 索赔的成立条件

当合同一方向另一方提出索赔时，应有正当的索赔理由和有效证据，并应符合合同的相关约定。由此可以看出任何索赔事件成立必须满足的三要素：正当的索赔理由；有效的索赔证据；在合同约定的时间内提出。

索赔证据应满足以下基本要求：①真实性；②全面性；③关联性；④及时性并具有法律证明效力。

2. 工程索赔的分类

（1）工程延期索赔，因为发包人未按合同要求提供施工条件，或者发包人指令工程暂停或不可抗力事件等原因造成工期拖延的，承包人向发包人提出索赔；如果由于承包人原因导致工期拖延，发包人可以向承包人提出索赔；由于非分包人的原因导致工期拖延，分包人可以向承包人提出索赔。

（2）工程加速索赔，通常是由于发包人或工程师指令承包人加快施工进度，缩短工期，引起承包人的人力、物力、财力的额外开支，承包人提出索赔；承包人指令分包人加快进度，分包人也可以向承包人提出索赔。

（3）工程变更索赔，由于发包人或工程师指令增加或减少工程量或增加附加工程、修改设计、变更施工顺序等，造成工期延长和费用增加，承包人对此向发包人提出索赔，分包人也可以对此向承包人提出索赔。

（4）工程终止索赔，由于发包人违约或发生了不可抗力事件等造成工程非正常终止，承包人和分包人因蒙受经济损失而提出索赔；如果由于承包人或者分包人的原因导致工程非正常终止，或者合同无法继续履行，发包人可以对此提出索赔。

（5）不可预见的外部障碍或条件索赔，即施工期间在现场遇到一个有经验的承包商通常不能预见的外界障碍或条件，例如地质条件与预计的（业主提供的资料）不同，出现未预见的岩石、淤泥或地下水等，导致承包人损失，这类风险通常应该由发包人承担，即承包人可以据此提出索赔。

（6）不可抗力事件引起的索赔，在新版 FIDIC 施工合同条件中，不可抗力通常是满足以下条件的特殊事件或情况：一方无法控制的、该方在签订合同前不能对之进行合理防备的、发生后该方不能合理避免或克服的、不主要归因于他方的。不可抗力事件发生导致承包人损失，通常应该由发包人承担，即承包人可以据此提出索赔。

（7）其他索赔，例如货币贬值、汇率变化、物价变化、政策法令变化等原因引起的索赔。

3. 承包人索赔

（1）承包人提出索赔的程序。根据合同约定，承包人认为非承包人原因发生的事件造成了承包人的损失，应按下列程序向发包人提出索赔。

1）承包人应在知道或应当知道索赔事件发生后28d内，向发包人提交索赔意向通知书，说明发生索赔事件的事由。承包人逾期未发出索赔意向通知书的，丧失索赔的权利。

2）承包人应在发出索赔意向通知书后 28d 内，向发包人正式提交索赔通知书。索赔通知书应详细说明索赔理由和要求，并应附必要的记录和证明材料。

3）索赔事件具有连续影响的，承包人应继续提交延续索赔通知，说明连续影响的实际情况和记录。

4）在索赔事件影响结束后的 28d 内，承包人应向发包人提交最终索赔通知书，说明最终索赔要求，并应附必要的记录和证明材料。

（2）承包人索赔的处理程序。

1）发包人收到承包人的索赔通知书后，应及时查验承包人的记录和证明材料。

2）发包人应在收到索赔通知书或有关索赔的进一步证明材料后的 28d 内，将索赔处理结果答复承包人，如果发包人逾期未作出答复，视为承包人索赔要求已被发包人被认可。

3）承包人接受索赔处理结果的，索赔款项应作为增加合同价款，在当期进度款中进行支付；承包人不接受索赔处理结果的，应按合同约定的争议解决方式办理。

（3）承包人索赔的赔偿方式。

承包人要求赔偿时，可以选择以下一项或几项方式获得赔偿：

1）延长工期。

2）要求发包人支付实际发生的额外费用。

3）要求发包人支付合理的预期利润。

4）要求发包人按合同的约定支付违约金。

当承包人的费用索赔与工期索赔要求相关联时，发包人在做出费用索赔的批准决定时，应结合工程延期，综合做出费用赔偿和工程延期的决定。

发承包双方在按合同约定办理了竣工结算后，应被认为承包人已无权再提出竣工结算前所发生的任何索赔。承包人在提交的最终结清申请中，只限于提出竣工结算后的索赔，提出索赔的期限应自发承包双方最终结清时终止。

4. 发包人索赔

（1）发包人提出索赔的程序。根据合同约定，发包人认为由于承包人的原因造成发包人的损失，宜按发包人索赔的程序进行索赔。当合同中对此未作具体约定时，按以下规定办理。

1）发包人应在确认索赔事件发生后的 28d 内向承包人发出索赔通知书，否则，承包人免除该索赔的全部责任。

2）承包人应在收到发包人索赔通知书后的 28d 内做出回应，表示同意或不同意并附具体意见，如在收到索赔通知书后的 28d 内未向发包人做出答复，视为该项索赔通知书已经被认可。

（2）发包人索赔的赔偿方式。发包人要求赔偿时，可以选择以下一项或几项方式获得赔偿。

1）延长质量缺陷修复期限。

2）要求承包人支付实际发生的额外费用。

3）要求承包人按合同的约定支付违约金。

承包人应付给发包人的索赔金额可从拟支付给承包人的合同价款中扣除，或由承包人以其他方式支付给发包人。

5. 索赔费用的计算方法

索赔费用的计算方法主要有：实际费用法、总费用法和修正总费用法。

（1）实际费用法。实际费用法是施工索赔时最常用的一种方法。该方法是按照各索赔事件所引起损失的费用项目分别分析计算索赔值，然后将各个项目的索赔值汇总，即可得到总索赔费用值。这种方法以承包商为某项索赔工作所支付的实际开支为根据，但仅限于由于索赔事件引起的、超过原计划的费用，故也称为额外成本法。在这种计算方法中，需要注意的是不要遗漏费用项目。

（2）总费用法。发生了多起索赔事件后，重新计算该工程的实际费用，再减去原合同价，其差额即为承包人索赔的费用。计算公式为

$$索赔金额 = 实际总费用 - 投标报价估算费用 \qquad (7-3)$$

这种方法对业主不利，因为可能是承包人的施工组织不合理而造成索赔；或承包人在投标报价时为竞争中标而压低报价，中标后通过索赔可以得到补偿。所以这种方法只有在难以采用实际费用法时采用。

（3）修正总费用法。即在总费用计算的原则上，去掉一些不合理的因素，使其更合理。修正的内容包括：

1）将计算索赔款的时段局限于受到外界影响的时间，而不是整个施工期。

2）只计算受到影响时段内的某项工作所受影响的损失，而不是计算该时段内所有施工工作所受的损失。

3）对投标报价费用重新进行核算，按受影响时段内该项工作的实际单价进行核算，乘以完成的该项工作的工程量，得出调整后的报价费用。

按修正后的总费用计算索赔金额的公式为

$$索赔金额 = 某项工作调整后的实际总费用 - 该项工作的报价费用 \qquad (7-4)$$

7.3 工程计量和支付

7.3.1 工程计量

工程量的正确计量是发包人向承包人支付合同价款的前提和依据。无论采用何种计价方式，其工程量必须按照相关工程现行国家规范规定的工程量计算规则计算。采用全国统一的工程量计算规则，对于规范工程建设各方的计量计价行为、有效减少计量争议具有重要意义。具体的工程计量周期应在合同中约定，可选择按月或按工程形象进度分段计量。同时，《建设工程工程量清单计价规范》（GB 50500）（以下简称《清单计价规范》）还规定成本加酬金合同应按单价合同的规定计量。

1. 工程计量的原则

（1）按合同文件中约定的方法进行计量。

（2）按承包人在履行合同义务过程中实际完成的工程量计量。

（3）对于不符合合同文件要求的工程，承包人超出施工图范围或因承包人原因造成返

工的工程量，不予计量。

（4）若发现工程量清单中出现漏项、工程量计算偏差，以及工程变更引起工程量的增减变化，应据实调整，正确计量。

2. 工程计量的依据

工程计量依据一般有质量合格证书、《清单计价规范》、技术规范中的"计量支付"条款和设计图。也就是说，计量时必须以这些资料为依据。

（1）质量合格证书。对于承包人已完成的工程，并不是全部进行计量，只有质量达到合同标准的已完工程才予以计量。所以工程计量必须与质量监理紧密配合，经过专业监理工程师检验，工程质量达到合同规定的标准后，由专业监理工程师签署报验申请表（质量合格证书），只有质量合格的工程才予以计量。所以说质量监理是计量的基础，计量又是质量监理的保障，通过计量支付，强化承包人的质量意识。

（2）《清单计价规范》和技术规范。《清单计价规范》和技术规范是确定计量方法的依据。因为《清单计价规范》和技术规范的"计量支付"条款规定了清单中每一项工程的计量方法，同时还规定了按规定的计量方法确定的单价所包括的工作内容和范围。

例如：某高速公路技术规范计量支付条款规定：所有道路工程、隧道工程和桥梁工程中的路面工程按各种结构类型及各层不同厚度分别汇总，以图纸所示或监理工程师指示为依据，按经监理工程师验收的实际完成数量，以"平方米"为单位分别计量。计量方法是根据路面中心线的长度乘以图纸所标明的平均宽度，再加上单独测量的岔道、加宽路面、喇叭口和道路交叉处的面积，以"平方米"为单位计量。除监理工程师书面批准外，凡超过图纸所规定的任何宽度、长度、面积或体积均不予计量。

（3）设计图。单价合同以实际完成的工程量进行结算，但被监理工程师计量的工程数量，并不一定是承包人实际施工的数量。计量的几何尺寸要以设计图为依据，监理工程师对承包人超出设计图要求增加的工程量和因自身原因造成返工的工程量，不予计量。例如：在某工程中，灌注桩的计量支付条款中规定按照设计图以"延长米"计量，其单价包括所有材料及施工的各项费用。根据这个规定，如果承包人做了35m，而桩的设计长度为30m，则只计量30m，发包人按30m付款，承包人多做的5m灌注桩所消耗的钢筋及混凝土材料，发包人不予补偿。

3. 单价合同的计量

工程量必须以承包人完成合同工程应予计量的工程量确定。施工中进行工程量计量时，当发现招标工程工程量清单中出现缺项、工程量偏差，或因工程变更引起工程量增减时，应按承包人在履行合同义务中完成的工程量计量。

（1）计量程序。按照《清单计价规范》的规定，单价合同工程计量的一般程序如下：

1）承包人应当按照合同约定的计量周期和时间向发包人提交当期已完工程量报告。发包人应在收到报告后7d内核实，并将核实计量结果通知承包人。发包人未在约定时间内进行核实的，则承包人提交的计量报告中所列的工程量应视为承包人实际完成的工程量。

2）发包人认为需要进行现场计量核实时，应在计量前24h通知承包人，承包人应为计量提供便利条件并派人参加。当双方均同意核实结果时，双方应在上述记录上签字确认。承包人收到通知后不派人参加计量，视为认可发包人的计量核实结果。发包人不按照约定时间通知承包人，致使承包人未能派人参加计量，计量核实结果无效。

3）当承包人认为发包人核实后的计量结果有误时，应在收到计量结果通知后的 7d 内向发包人提出书面意见，并附上其认为正确的计量结果和详细的计算资料。发包人收到书面意见后，应在 7d 内对承包人的计量结果进行复核后通知承包人。承包人对复核计量结果仍有异议的，按照合同约定的争议解决办法处理。

4）承包人完成已标价工程量清单中每个项目的工程量并经发包人核实无误后，发承包人应对每个项目的历次计量报表进行汇总，以核实最终结算工程量，并应在汇总表上签字确认。

（2）工程计量的方法。监理工程师一般只对以下三方面的工程项目进行计量：

①工程量清单中的全部项目；②合同文件中规定的项目；③工程变更项目。

一般可按照以下方法进行计量：

1）均摊法。所谓均摊法，就是对清单中某些项目的合同价款，按合同工期平均计量。例如：为监理工程师提供宿舍，保养测量设备，保养气象记录设备，维护工地清洁和整洁等。这些项目都有一个共同的特点，即每月均有发生。所以可以采用均摊法进行计量支付。例如：保养气象记录设备，每月发生的费用是相同的，如本项合同款额为 2000 元，合同工期为 20 个月，则每月计量、支付的款额为：2000 元/20 月 = 100 元/月。

2）凭据法。所谓凭据法，就是按照承包人提供的凭据进行计量支付。例如建筑工程险保险费、第三方责任险保险费、履约保证金等项目，一般按凭据法进行计量支付。

3）估价法。所谓估价法，就是按合同文件的规定，根据监理工程师估算的已完成的工程价值支付。例如为监理工程师提供办公设施和生活设施，为监理工程师提供用车，为监理工程师提供测量设备、天气记录设备、通信设备等项目。这类清单项目通常要购买几种仪器设备，当承包人对于某一项清单项目中规定购买的仪器设备不能一次购进时，则需采用估价法进行计量支付。其计量过程如下：

①按照市场的物价情况，对清单中规定购置的仪器设备分别进行估价；

②按下式计量支付金额：

$$F = A \cdot \frac{B}{D} \tag{7-5}$$

式中　F——计算的支付金额；

　　　A——清单所列该项的合同金额；

　　　B——该项实际完成的金额（按估算价格计算）；

　　　D——该项全部仪器设备的总估算价格。

从上式可知：

该项实际完成金额 B 必须按各种设备的估算价格计算，它与承包人购进的价格无关；估算的总价与合同工程量清单的款额无关。

当然，估价的款额与最终支付的款额无关，最终支付的款额是合同清单中的款额。

4）断面法。断面法主要用于取土坑或填筑路堤土方的计量。对于填筑土方工程，一般规定计量的体积为原地面线与设计断面所构成的体积。采用这种方法计量时，在开工前承包人需测绘出原地形的断面，并需经监理工程师检查，作为计量的依据。

5）图纸法。在工程量清单中，许多项目都采取按照设计图所示的尺寸进行计量。例如混凝土构筑物的体积、钻孔桩的桩长等。

6）分解计量法。所谓分解计量法，就是将一个项目，根据工序或部位分解为若干子项。对完成的各子项进行计量支付。这种计量方法主要是为了解决一些包干项目或较大的工程项目的支付时间过长，影响承包人的资金流动等问题。

4. 总价合同的计量

总价合同的计量活动非常重要。采用工程量清单方式招标形成的总价合同，其工程量的计算应按照单价合同的计量规定计算。采用经审定批准的施工图及其预算方式发包形成的总价合同，除按照工程变更规定的工程量增减外，总价合同各项目的工程量应为承包人用于结算的最终工程量。此外，总价合同约定的项目计量应以合同工程经审定批准的施工图为依据，发承包双方应在合同中约定以工程计量的形象进度或事件节点进行计量。承包人应在合同约定的每个计量周期内对已完成的工程进行计量，并向发包人提交达到工程形象进度完成的工程量和有关计量资料的报告。发包人应在收到报告后 7d 内对承包人提交的上述资料进行复核，以确定实际完成的工程量和工程形象进度。对其有异议的，应通知承包人进行共同复核。

7.3.2　工程进度款的计量与支付

1. 工程款（进度款）支付的程序和责任

发包人应在双方计量确认后 14d 内，向承包人支付工程款（进度款）。同期用于工程上的发包人供应材料设备的价款，以及按约定时间发包人应按比例扣回的预付款，与工程款（进度款）同期结算。合同价款调整、设计变更调整的合同价款及追加的合同价款，应与工程款（进度款）同期调整支付。

发包人超过约定的支付时间不支付工程款（进度款），承包人可向发包人发出要求付款的通知。发包人在收到承包人通知后仍不能按要求支付，可与承包人协商签订延期付款协议，经承包人同意后可以延期支付。协议须明确延期支付时间和从发包人计量签字后第 15d 起计算应付款的贷款利息。发包人不按合同约定支付工程款（进度款），双方又未达成延期付款协议，导致施工无法进行，承包人可停止施工，由发包人承担违约责任。

2. 工程进度款的计算

每期应支付给承包人的工程进度款的款项包括以下内容：

（1）经过确认核实的完成工程量对应工程量清单或报价单的相应价格计算应支付的工程款。

（2）设计变更应调整的合同价款。

（3）本期应扣回的工程预付款。

（4）根据合同允许调整合同价款原因应补偿承包人的款项和应扣减的款项。

（5）经过工程师批准的承包人的索赔款等。

7.3.3　工程变更价款确定方法

由于建设工程项目建设的周期长、涉及的关系复杂、受自然条件和客观因素的影响大，导致项目的实际施工情况与招标投标时的情况相比通常会有一些变化，出现工程变更。工程变更包括工程量变更、工程项目的变更（如发包人提出增加或者删减原项目内容）、进度计划的变更、施工条件的变更等。如果按照变更的起因划分，变更的种类有很多，例如：发包人的变更指令（包括发包人对工程有了新的要求、发包人修改项目计划、发包人削减预算、发包人对项目进度有了新的要求等）；由于设计错误，必须对设计图做修改；工程环境变化；由于产生了新的技术和知识，有必要改变原设计、实施方案或实施计划；法律法规或者政府对建设工程项目有了新的要求等。

1. 《建设工程施工合同（示范文本）》条件下的工程变更

（1）发包人对原设计进行变更。施工中发包人如果需要对原工程设计进行变更，应提前 14d 以书面形式向承包人发出变更通知。承包人对于发包人的变更通知没有拒绝的权利，这是合同赋予发包人的一项权利。因为发包人是工程的出资人、所有人和管理者，对将来工程的运行承担主要的责任，只有赋予发包人这样的权利才能减少更大的损失。但是，变更超过原设计标准或批准的建设规模时，发包人应报规划管理部门和其他有关部门重新审查批准，并由原设计单位提供变更的相应图纸和说明。承包人按照监理工程师发出的变更通知及有关要求变更。

（2）承包人对原设计进行变更。施工中承包人不得为了施工方便而要求对原工程设计进行变更，承包人应当严格按照图纸施工，不得随意变更设计。施工中承包人提出的合理化建议涉及对设计图或者施工组织设计的更改及对原材料、设备的更换，须经监理工程师同意。监理工程师同意变更后，也须经原规划管理部门和其他有关部门审查批准，并由原设计单位提供变更的相应图纸和说明。

未经监理工程师同意承包人擅自更改或换用，承包人应承担由此发生的费用，并赔偿发包人的有关损失，延误的工期不予顺延。监理工程师同意采用承包人的合理化建议，所发生费用和获得收益的分担或分享，由发包人和承包人另行约定。

（3）其他变更。从合同角度看，除设计变更外，其他能够导致合同内容变更的都属于其他变更。如双方对工程质量要求的变化（例如涉及强制性标准的变化）、双方对工期要求的变化、施工条件和环境的变化导致施工机械和材料的变化等。这些变更的程序，首先应当由一方提出，与对方协商一致后，方可进行变更。

2. 工程变更价款的确定方法

（1）已标价工程量清单项目或其工程数量发生变化的调整办法。《清单计价规范》规定，因工程变更引起已标价工程量清单项目或其工程数量发生变化，应按照下列规定调整：

1）已标价工程量清单中有适用于变更工程项目的，应采用该项目的单价；但当工程变更导致该清单项目的工程数量发生变化，且工程量偏差超过 15%，此时，调整的原则为：当工程量增加 15% 以上时，其增加部分的工程量的综合单价应予调低；当工程量减少 15% 以上时，减少后剩余部分的工程量的综合单价应予调高。

2）已标价工程量清单中没有适用但有类似于变更工程项目的，可在合理范围内参照类似项目的单价。

3）已标价工程量清单中没有适用也没有类似于变更工程项目的，应由承包人根据变更工程资料、计量规则和计价办法、工程造价管理机构发布的信息价格和承包人报价浮动率提出变更工程项目的单价，报发包人确认后调整。承包人报价浮动率可按式（7-1）、式（7-2）计算。

4）已标价工程量清单中没有适用也没有类似于变更工程项目，且工程造价管理机构发布的信息价格缺价的，应由承包人根据变更工程资料、计量规则、计价办法和通过市场调查等取得有合法依据的市场价格提出变更工程项目的单价，并应报发包人确认后调整。

（2）措施项目费的调整。因工程变更引起施工方案改变并使措施项目发生变化时，承包人提出调整措施项目费的，应事先将拟实施的方案提交发包人确认，并应详细说明与原方案措施项目相比的变化情况。拟实施的方案经发承包双方确认后执行，并应按照下列规定调整措施项目费：

1）安全文明施工费应按照实际发生变化的措施项目调整，不得浮动。

2）采用单价计算的措施项目费，应按照实际发生变化的措施项目以及前述已标价工程量清单项目的规定确定单价。

3）按总价（或系数）计算的措施项目费，按照实际发生变化的措施项目调整，但应考虑承包人报价浮动因素，即调整金额按照实际调整金额乘以上述公式得出的承包人报价浮动率计算。

如果承包人未事先将拟实施的方案提交给发包人确认，则视为工程变更不引起措施项目费的调整或承包人放弃调整措施项目费的权利。

（3）工程变更价款调整方法的应用。

1）直接采用适用的项目单价的前提是其采用的材料、施工工艺和方法相同，且也不因此增加关键线路上工程的施工时间。

例如：在某工程施工过程中，由于设计变更，新增加轻质材料隔墙 1200m²，已标价工程量清单中有此轻质材料隔墙项目综合单价，且新增部分工程量在 15% 以内，就应直接采用该项目综合单价。

2）采用适用的项目单价的前提是其采用的材料、施工工艺和方法基本类似，不增加关键线路上工程的施工时间，可仅就其变更后的差异部分，参考类似的项目单价由发承包双方协商新的项目单价。

例如：某工程现浇混凝土梁为 C25，施工过程中设计调整为 C30，此时，可仅将 C30 混凝土价格替换 C25 混凝土价格，其余不变，以组成新的综合单价。

3）无法找到适用和类似的项目单价时，应采用招标投标时的基础资料和工程造价管理机构发布的信息价格，按成本加利润的原则由发承包双方协商新的综合单价。

4）无法找到适用和类似的项目单价、工程造价管理机构也没有发布此类信息价格，由发承包双方协商确定。

7.4　工程结算

7.4.1　工程结算概述

工程结算是指施工企业按照承包合同和已完工程量向建设单位（业主）办理工程价清算的经济文件。工程建设周期长，耗用资金数大，为使建筑安装企业在施工中耗用的资金及时得到补偿，需要对工程价款进行中间结算（进度款结算）、年终结算，在全部工程竣工验收后应进行竣工结算。在会计科目设置中，工程结算为建造承包商专用的会计科目。工程结算是工程项目承包中的一项十分重要的工作。工程结算以施工企业提出的统计进度月报表，报监理工程师确认并经业主主管部门认可后，作为工程进度款支付的依据。

7.4.2 工程结算依据及结算方式

1. 工程结算依据

（1）国家有关法律法规、规章制度和相关的司法解释。

（2）国务院建设行政主管部门以及各省、自治区、直辖市和有关部门发布的工程造价计价标准、计价办法、有关规定及相关解释。

（3）施工方承包合同、专业分包合同及补充合同，有关材料、设备采购合同。

（4）招标投标文件，包括招标答疑文件、投标承诺书、中标报价书及其他组成内容。

（5）工程竣工图或施工图、施工图会审记录，经批准的施工组织设计，以及设计变更、工程洽商和相关会议纪要。

（6）经批准的开、竣工报告或停、复工报告。

（7）建设工程工程量清单计价规范或工程预算定额、费用定额及价格信息、调价规定等。

（8）工程预算书。

（9）影响工程造价的相关资料。

（10）安装工程定额基价。

（11）结算编制委托合同。

2. 工程结算方式

我国常采用的工程结算方式主要有以下几种：

（1）按月结算。实行旬末或月中预支，月终结算，竣工后清算的方法。跨年度竣工的工程，在年终进行工程盘点，办理年度结算。

（2）竣工后一次结算。建设项目或单项工程全部建筑安装工程建设期在12个月以内，或者工程承包价值在100万元以下的，可以实行工程价款每月月中预支，竣工后一次结算。

（3）分段结算。即当年开工，当年不能竣工的单项工程或单位工程，按其施工形象进度划分为不同施工阶段，按阶段进行工程价款结算。

（4）目标结算方式。即在工程合同中，将承包工程的内容分解成不同的控制界面，以业主验收控制界面作为支付工程款的前提条件。也就是说，将合同中的工程内容分解成不同的验收单元，当施工单位完成单元工程内容并经业主验收后，业主支付构成单元工程内容的工程价款。

在目标结算方式下，施工单位要想获得工程价款，必须按照合同约定的质量标准完成界面内的工程内容，要想尽早获得工程价款，施工单位必须充分发挥自己的组织实施能力，在保证质量的前提下，加快施工进度。

（5）结算双方约定的其他结算方式。实行预收备料款的工程项目，在承包合同或协议中应明确发包单位（甲方）在开工前拨付给承包单位（乙方）工程备料款的预付数额、预付时间，开工后扣还备料款的起扣点、逐次扣还的比例，以及办理的手续和方法。

按我国有关规定，备料款的预付时间应不迟于约定的开工日期前7d。发包方不按约定预付的，承包方在约定预付时间7d后向发包方发出要求预付的通知。发包方收到通知后仍不能按要求预付，承包方可在发出通知后7d停止施工，发包方应从约定应付之日起向承包方支付应付款的贷款利息，并承担违约责任。

7.4.3　工程预付款

1. 工程预付款的支付

工程预付款是发包人为帮助承包人解决施工准备阶段的资金周转问题而提前支付的一笔款项，用于承包人为合同工程施工购置材料、机械设备，修建临时设施以及施工队伍进场等。工程是否实行预付款，取决于工程性质、承包工程量的大小及发包人在招标文件中的规定。工程实行预付款的，发包人应按合同约定的时间和比例（或金额）向承包人支付工程预付款。当合同对工程预付款的支付没有约定时，按照财政部、建设部印发的《建设工程价款结算暂行办法》（财建〔2004〕369 号）的规定办理。

（1）工程预付款的额度。包工包料的工程原则上预付比例不低于合同金额（扣除暂列金额）的10%，不高于合同金额（扣除暂列金额）的30%；对重大工程项目，按年度工程计划逐年预付。实行工程量清单计价的工程，实体性消耗和非实体性消耗部分应在合同中分别约定预付款比例（或金额）。

（2）工程预付款的支付时间。在具备施工条件的前提下，发包人应在双方签订合同后的一个月内或约定的开工日期前 7d 内预付工程款。若发包人未按合同约定预付工程款，承包人应在预付时间到期后 10d 内向发包人发出要求预付的通知，发包人收到通知后仍不按要求预付，承包人可在发出通知 14d 后停止施工，发包人应从约定应付之日起按同期银行贷款利率计算向承包人支付应付预付款的利息，并承担违约责任。

（3）凡是没有签订合同或不具备施工条件的工程，发包人不得预付工程款，不得以预付款为名转移资金。

2. 工程预付款的抵扣

发包人拨付给承包人的工程预付款属于预支的性质。随着工程进度的推进，拨付的工程进度款数额不断增加，工程所需主要材料、构件的储备逐步减少，原已支付的预付款应以抵扣的方式从工程进度款中予以陆续扣回。预付的工程款必须在合同中约定扣回方式，常用的扣回方式有以下几种：

（1）在承包人完成金额累计达到合同总价一定比例（双方合同约定）后，采用等比率或等额扣款的方式分期抵扣。也可针对工程实际情况具体处理，如有些工程工期较短、造价较低，就无须分期扣还；有些工期较长，如跨年度工程，其预付款的占用时间很长，根据需要可以少扣或不扣。

（2）从未完施工工程尚需的主要材料及构件的价值相当于工程预付款数额时起扣，从每次中间结算工程价款中，按材料及构件比重抵扣工程预付款，至竣工之前全部扣清。其基本计算公式如下：

1）起扣点的计算公式。

$$T = P - \frac{M}{N} \tag{7-6}$$

式中　T——起扣点，即工程预付款开始扣回的累计已完工程价值；

P——承包工程合同总额；

M——工程预付款数额；

N——主要材料及构件所占比重。

2）第一次扣还工程预付款数额的计算公式。

$$a_1 = \left(\sum_{i=1}^{n} T_i - T \right) \times N \tag{7-7}$$

式中　a_1——第一次扣还工程预付款数额；

$\sum_{i=1}^{n} T_i$——累计已完工程价值。

3）第二次及以后各次扣还工程预付款数额的计算公式。

$$a_i = T_i \times N \tag{7-8}$$

式中　a_i——第 i 次扣还工程预付款数额（$i>1$）；

T_i——第 i 次扣还工程预付款时，当期结算的已完工程价值。

7.4.4　期中支付

1. 期中支付价款的计算

（1）已完工程的结算价款。已标价工程量清单中的单价项目，承包人应按工程计量确认的工程量与综合单价计算。如综合单价发生调整的，以发承包双方确认调整的综合单价计算进度款。

已标价工程量清单中的总价项目，承包人应按合同中约定的进度款支付分解，分别列入进度款支付申请中的安全文明施工费和本周期应支付的总价项目的金额中。

（2）结算价款的调整。承包人现场签证和得到发包人确认的索赔金额列入本周期应增加的金额中。由发承包提供的材料、工程设备金额，应按照发包人签约提供的单价和数量从进度款支付中扣出，列入本周期应扣减的金额中。

2. 进度款

发承包双方应按照合同约定的时间、程序和方法，根据工程计量结果，办理期中价款结算，支付进度款。进度款支付周期，应与合同约定的工程计量周期一致。其中，工程量的正确计量是发包人向承包人支付进度款的前提和依据。计量和付款周期可采用分段或按月结算的方式，按照财政部、建设部印发的《建设工程价款结算暂行办法》（财建［2004］369号）的规定：

（1）按月结算与支付。即实行按月支付进度款、竣工后结算的办法。合同工期在两个年度以上的工程，在年终进行工程盘点，办理年度结算。

（2）分段结算与支付。即当年开工、当年不能竣工的工程按照工程形象进度，划分不同阶段，支付工程进度款。

当采用分段结算方式时，应在合同中约定具体的工程分段划分方法，付款周期应与计量周期一致。

《清单计价规范》规定：已标价工程量清单中的单价项目，承包人应按工程计量确认的工程量与综合单价计算；如综合单价发生调整的，以发承包双方确认调整的综合单价计算进度款。已标价工程量清单中的总价项目，承包人应按合同中约定的进度款支付分解，分别列入进度款支付申请中的安全文明施工费和本周期应支付的总价项目的金额中。发包人提供的甲供材料金额，应按照发包人签约提供的单价和数量从进度款支付中扣出，列入本周期应扣减的金额中。进度款的支付比例按照合同约定，按期中结算价款总额计，不低于 60%，不高于 90%。

3. 承包人支付申请的内容

承包人应在每个计量周期到期后的 7d 内向发包人提交已完工程进度款支付申请（一式四份），详细说明此周期认为有权得到的款额，包括分包人已完工程的价款。支付申请应包括下列内容：

（1）累计已完成的合同价款。

（2）累计已实际支付的合同价款。

（3）本周期合计完成的合同价款，包括：

1）本周期已完成单价项目的金额。

2）本周期应支付的总价项目的金额。

3）本周期已完成的计日工价款。

4）本周期应支付的安全文明施工费。

5）本周期增加的金额。

（4）本周期合计应扣减的金额，包括：

1）本周期应扣回的预付款。

2）本周期应扣减的金额。

（5）本周期实际应支付的合同价款。

4. 发包人支付进度款

发包人应在收到承包人进度款支付申请后的 14d 内根据计量结果和合同约定对申请内容予以核实，确认后向承包人出具进度款支付证书。若发承包双方对有的清单项目的计量结果出现争议，发包人应对无争议部分的工程计量结果向承包人出具进度款支付证书。发包人应在签发进度款支付证书后的 14d 内，按照支付证书列明的金额向承包人支付进度款。若发包人逾期未签发进度款支付证书，则视为承包人提交的进度款支付申请已被发包人认可，承包人可向发包人发出催告付款的通知。发包人应在收到通知后的 14d 内，按照承包人支付申请的金额向承包人支付进度款。发包人未按规定支付进度款的，承包人可催告发包人支付，并有权获得延迟支付的利息；发包人在付款期满后的 7d 内仍未支付的，承包人可在付款期满后的第 8 天起暂停施工。发包人应承担由此增加的费用和延误的工期，向承包人支付合理利润，并应承担违约责任。发现已签发的任何支付证书有错、漏或重复的数额，发包人有权予以修正，承包人也有权提出修正申请。经发承包双方复核同意修正的，应在本次到期的进度款中支付或扣除。

7.4.5　工程价款的动态结算

工程价款的动态结算就是将各种动态因素渗透到结算过程中，使结算大体能反映实际的消耗费用。

1. 按实际价格结算法

工程承包商可凭发票按实报销。这种方法方便，但由于是实报实销，因而承包商对降低成本不感兴趣，为了避免"副作用"，造价管理部门要定期公布最高结算限价，同时合同文件中应规定建设单位或监理工程师有权要求承包商选择更廉价的供应来源。

2. 按主材计算价差

发包人在招标文件中列出需要调整价差的主要材料表及其基期价格（一般采用当时、当地工程价格管理机构公布的信息价或结算价），工程竣工结算时按竣工当时、当地工程价格管理机构公布的材料信息价或结算价，与招标文件中列出的基期价比较计算材料差价。

3. 主料按抽料计算价差

其他材料按系数计算价差。主要材料按施工图预算计算的用量和竣工当月、当地工程价格管理机构公布的材料结算价或信息价与基价对比计算差价。其他材料按当地工程价格管理机构公布的竣工调价系数计算方法计算差价。

4. 竣工调价系数法

按工程价格管理机构公布的竣工调价系数及调价计算方法计算差价。

5. 调值公式法（又称为动态结算公式法）

根据国际惯例，对建设工程已完成投资费用的结算，一般采用此法。事实上，绝大多数情况是发包方和承包方在签订的合同中就明确规定了调值公式。

（1）利用调值公式进行价格调整的工作程序及监理工程师应做的工作。

价格调整的计算工作比较复杂，其程序是：

首先，确定计算物价指数的品种，一般来说，品种不宜太多，只确立那些对项目投资影响较大的因素，例如设备、水泥、钢材、木材和工资等。这样便于计算。

其次，要明确以下两个问题：一是在合同价格条款中，应写明经双方商定的调整因素，在签订合同时要写明考核几种物价波动到何种程度才进行调整。二是考核的地点和时点：地点一般在工程所在地，或约定某地市场价格；时点指的是某年某月某日的市场价格。这里要确定两个时点价格，即基准日期的市场价格（基础价格）和与特定付款证书有关的期间最后一天的 49d 前的时点价格。这两个时点就是计算调值的依据。

第三，确定各成本要素的系数和固定系数，各成本要素的系数要根据各成本要素对总造价的影响程度而定，各成本要素系数之和加上固定系数应该等于 1。

在实行国际招标的大型合同中，监理工程师应负责按下述步骤编制价格调值公式：

1）分析施工中必需的投入，并决定选用一个公式，还是选用几个公式。

2）估计各项投入占工程总成本的相对比重，以及国内投入和国外投入的分配，并决定对国内成本与国外成本是否分别采用单独的公式。

3）选择能代表主要投入的物价指数。

4）确定合同价中固定部分和不同投入因素的物价指数的变化范围。

5）规定公式的应用范围和用法。

6）如有必要，规定外汇汇率的调整。

（2）建筑安装工程费用的价格调值公式。

建筑安装工程费用价格调值公式与货物及设备的调值公式基本相同。它包括固定部分、材料部分和人工部分这 3 项。但因建筑安装工程的规模和复杂性增大，公式也变得更长、更复杂。典型的材料成本要素有钢筋、水泥、木材、钢构件、沥青制品等，同样，人工可包括普通工和技术工。调值公式一般为：

$$P = P_0\left(a_0 + a_1\frac{A}{A_0} + a_2\frac{B}{B_0} + a_3\frac{C}{C_0} + a_4\frac{D}{D_0}\right) \tag{7-9}$$

式中 P——调值后合同价款或工程实际结算款；

         P_0——合同价款中工程预算进度款；

         a_0——固定要素，代表合同支付中不能调整的部分；

a_1、a_2、a_3、a_4——代表有关成本要素（如：人工费用、钢材费用、水泥费用、运输费用等）在合同总价中所占的比重 $a_0 + a_1 + a_2 + a_3 + a_4 = 1$；

A_0、B_0、C_0、D_0——基准日期与 a_1、a_2、a_3、a_4 对应的各项费用的基期价格指数或价格；

A、B、C、D——与特定付款证书有关的期间最后一天的 49d 前与 a_0、a_1、a_2、a_3、a_4 对应的各成本要素的现行价格指数或价格。

各部分成本的比重系数在许多标书中要求承包方在投标时即提出，并在价格分析中予以论证。但也有的是由发包方在标书中即规定一个允许范围，由投标人在此范围内选定。因此，监理工程师在编制标书中，尽可能要确定合同价中固定部分和不同投入因素的比重系数和范围，招标时以给投标人留下选择的余地。

7.4.6 质量保修金

建筑工程中，质量保修金是指建设单位与施工单位在建设工程承包合同中约定或施工单位在工程保修书中承诺，在建筑工程竣工验收交付使用后，从应付的建设工程款中预留的用以维修建筑工程在保修期限和保修范围内出现的质量缺陷的资金。质量保修金由承包方向发包方支付，也可由发包方从应付承包方的工程款内预留。质量保修金的比例及金额由双方约定，比例一般为建设工程款的 3%~5%。工程的质量保修期满后，发包方应该及时结算和返还（如有剩余）质量保修金。发包方应当在质量保证金满 14d 后，将剩余保修金和按约定利率计算的利息返还承包方。

有约定每月从施工单位的工程款中按相应比例扣留，也可以最后结算时扣留（小工程）。

关于质量保修期，《建筑法》明确规定，建筑工程实行质量保修制度，建筑施工企业要对自己施工范围内的工程承担质量保修责任。2000 年国务院发布的《建设工程质量管理条例》和建设部发布的《房屋建筑工程质量保修办法》对工程保修期限做出了具体规定，明确了各专业工程的"最低保修期"，例如地基基础和主体结构工程为设计文件规定的该工程的合理使用年限，例如防水工程为 5 年、装修工程为 2 年等。由于上述期限属于法律规定的最低保修期，因此，当事人约定的保修期限只能高于或等于最低保修期，不得低于最低保修期，否则约定无效。由此可见，针对不同的分项工程，质量保修期限是不同的，有的 2 年，有的 5 年，有的则更长，例如地基基础和主体结构工程为设计文件规定的该工程的合理使用年限，按照《民用建筑设计通则》，该合理使用年限一般长达 50~70 年。

7.5 竣工结算

7.5.1 竣工验收

1. 竣工验收的条件

《建设工程质量管理条例》规定，建设工程竣工验收应当具备以下条件：

（1）完成建设工程设计和合同约定的各项内容，主要是指设计文件所确定的、在承包合同中载明的工作范围，也包括监理工程师签发的变更通知单中所确定的工作内容。

（2）有完整的技术档案和施工管理资料。

（3）有工程使用的主要建筑材料、建筑构配件和设备的进场试验报告。对建设工程使用的主要建筑材料、建筑构配件和设备的进场，除具有质量合格证明资料外，还应当有试验、检验报告。试验、检验报告中应当注明其规格、型号、用于工程的哪些部位、批量批次、性能等技术指标，其质量要求必须符合国家规定的标准。

（4）有勘察、设计、施工、工程监理等单位分别签署的质量合格文件。勘察、设计、施工、工程监理等有关单位依据工程设计文件及承包合同所要求的质量标准，对竣工工程进行检查和评定，符合规定的，签署合格文件。

（5）有施工单位签署的工程保修书。

2. 竣工验收的范围

有关的建设法规规定，凡新建、扩建、改建的基本建设项目和技术改造项目（所有列入固定资产投资计划的建设项目或单项工程），已按国家批准的设计文件所规定的内容建成，符合验收标准，即：工业投资项目经负荷试车考核，试生产期间能够正常生产出合格产品，形成生产能力的；非工业投资项目符合设计要求，能够正常使用的，不论是属于哪种建设性质，都应及时组织验收，办理固定资产移交手续。

工期较长、建设设备装置较多的大型工程，为了及时发挥其经济效益，对其能够独立生产的单项工程，也可以根据建成时间的先后顺序，分期分批地组织竣工验收；对能生产中间产品的一些单项工程，不能提前投料试车，可按生产要求与生产最终产品的工程同步建成竣工后，再进行全部验收。

对于某些特殊情况，工程施工虽未全部按设计要求完成，也应进行验收，这些特殊情况主要有：

（1）因少数非主要设备或某些特殊材料短期内不能解决，虽然工程内容尚未全部完成，但已可以投产或使用的工程项目。

（2）规定要求的内容已完成，但因外部条件的制约，例如流动资金不足、生产所需原材料不能满足等，而使已建工程不能投入使用的项目。

（3）有些建设项目或单项工程，已形成部分生产能力，但近期内不能按原设计规模续建，应从实际情况出发，经主管部门批准后，可缩小规模对已完成的工程和设备组织竣工验收，移交固定资产。

3. 建设项目竣工验收的依据

建设项目竣工验收的主要依据包括：

（1）上级主管部门对该项目批准的各种文件。

（2）可行性研究报告。

（3）施工图、设计文件及设计变更洽商记录。

（4）国家颁布的各种标准和现行的施工验收规范。

（5）工程承包合同文件。

（6）技术设备说明书。

（7）建筑安装工程统一规定及主管部门关于工程竣工的规定。

（8）从国外引进的新技术和成套设备的项目，以及中外合资建设项目，要按照签订的合同和进口国提供的设计文件等进行验收。

（9）利用世界银行等国际金融机构贷款的建设项目，应按世界银行规定，按时编制《项目完成报告》。

7.5.2　竣工结算内容和编制

1. 竣工结算的编制内容

采用工程量清单计价，竣工结算编制的主要内容有：

（1）工程项目的所有分部（分项）工程工程量，以及实施工程项目采用的措施项目工程量；为完成所有工程量并按规定计算的人工费、材料费、设备费、机具费、企业管理费、利润和税金。

（2）分部（分项）工程和措施项目以外的其他项目所需计算的各项费用。

（3）工程变更费用、索赔费用、合同约定的其他费用。

2. 竣工结算的计算方法

工程量清单计价法通常采用单价合同的合同计价方式，竣工结算的编制是采取合同价加变更签证的方式进行。

$$工程项目竣工结算价 = \Sigma 单项工程竣工结算价 \tag{7-10}$$
$$单项工程竣工结算价 = \Sigma 单位工程竣工结算价 \tag{7-11}$$
$$单位工程竣工结算价 = 分部（分项）工程费 + 措施费 + 其他项目费 + 规费 + 税金 \tag{7-12}$$

《建设工程工程量清单计价规范》（GB 50500）对计价原则有如下规定：

（1）分部（分项）工程和措施项目中的单价项目应依据双方确认的工程量与已标价工程量清单的综合单价计算；发生调整的，应以发承包双方确认调整的综合单价计算。

（2）措施项目中的总价项目应依据已标价工程量清单的项目和金额计算；发生调整的，应以发承包双方确认调整的金额计算，其中安全文明施工费应按国家或省级、行业建设主管部门的规定计算。

（3）其他项目应按下列规定计价：

1）计日工应按发包人实际签证确认的事项计算。

2）暂估价应按计价规范相关规定计算。

3）总承包服务费应依据已标价工程量清单的金额计算；发生调整的，应以发承包双方确认调整的金额计算。

4）索赔费用应依据发承包双方确认的索赔事项和金额计算。

5）现场签证费用应依据发承包双方签证资料确认的金额计算。

6）暂列金额应减去合同价款调整（包括索赔、现场签证）金额计算，如有余额归发包人。

（4）规费和税金按国家或省级、建设主管部门的规定计算。规费中的工程排污费应按工程所在地环境保护部门规定标准缴纳后按实列入。

（5）发承包双方在合同工程实施过程中已经确认的工程计量结果和合同价款，在竣工结算办理中应直接进入结算。

3. 竣工结算的编制方法

竣工结算的编制应区分合同类型，采用相应的编制方法。

（1）采用总价合同的，应在合同价基础上对设计变更、工程洽商以及工程索赔等合同约定可以调整的内容进行调整。

（2）采用单价合同的，应计算或核定竣工图或施工图以内的各个分部（分项）工程工程量，依据合同约定的方式确定分部（分项）工程项目价格，并对设计变更、工程洽商、施工措施以及工程索赔等内容进行调整。

（3）采用成本加酬金合同的，应依据合同约定的方法计算各个分部（分项）工程以及设计变更、工程洽商、施工措施等内容的工程成本，并计算酬金及有关税费。

7.5.3　竣工结算的审查

1. 竣工结算的审查方法

竣工结算的审查应依据合同约定的结算方法进行，根据合同类型，采用不同的审查方法。

（1）采用总价合同的，应在合同价的基础上对设计变更、工程洽商以及工程索赔等合同约定可以调整的内容进行审查。

（2）采用单价合同的，应审查施工图以内的各个分部（分项）工程工程量，依据合同约定的方式审查分部（分项）工程价格，并对设计变更、工程洽商、工程索赔等调整内容进行审查。

（3）采用成本加酬金合同的，应依据合同约定的方法审查各个分部（分项）工程以及设计变更、工程洽商等内容的工程成本，并审查酬金及有关税费的取定。

除非已有约定，竣工结算应采用全面审查的方法，严禁采用抽样审查、重点审查、分析对比审查和经验审查的方法，避免审查疏漏现象发生。

2. 竣工结算的审查内容

（1）审查结算的递交程序和资料的完备性。

1）审查结算资料的递交手续、程序的合法性，以及结算资料具有的法律效力。

2）审查结算资料的完整性、真实性和相符性。

（2）审查与结算有关的各项内容。

1）建设工程发承包合同及其补充合同的合法性和有效性。

2）施工发承包合同范围以外调整的工程价款。

3）分部（分项）工程项目、措施项目、其他项目工程量及单价。

4）发包人单独分包工程项目的界面划分和总承包人的配合费用。

5）工程变更、索赔、奖励及违约费用。

6）规费、税金、政策性调整以及材料差价计算。

7）实际施工工期与合同工期发生差异的原因和责任，以及对工程造价的影响程度。

8）其他涉及工程造价的内容。

7.5.4　质量保证金

1. 质量保证金

发包人应按照合同约定的质量保证金比例从结算款中预留质量保证金。承包人未按照合同约定履行属于自身责任的工程缺陷修复义务的，发包人有权从质量保证金中扣除用于缺陷修复的各项费用。经查验，工程缺陷属于发包人原因造成的，应由发包人承担查验和缺陷修复的费用。在合同约定的缺陷责任期终止后，发包人应按照合同中最终结清的相关规定，将剩余的质量保证金返还给承包人。当然，剩余质量保证金的返还，并不能免除承包人按照合同约定应承担的质量保修责任和应履行的质量保修义务。

2. 最终结清

缺陷责任期终止后，承包人应按照合同约定向发包人提交最终结清支付申请。发包人对最终结清支付申请有异议的，有权要求承包人进行修正和提供补充资料。承包人修正后，应再次向发包人提交修正后的最终结清支付申请。发包人应在收到最终结清支付申请后的14d内予以核实，并应向承包人签发最终结清支付证书。发包人应在签发最终结清支付证书后的14d内，按照最终结清支付证书列明的金额向承包人支付最终结清款。如果发包人未在约定的时间内核实，又未提出具体意见的，应视为承包人提交的最终结清支付申请已被发包人认可。

发包人未按期最终结清支付的，承包人可催告发包人支付，并有权获得延迟支付的利息。最终结清时，如果承包人被预留的质量保证金不足以抵减发包人工程缺陷修复费用的，承包人应承担不足部分的补偿责任。承包人对发包人支付的最终结清款有异议的，按照合同约定的争议解决方式处理。